基于“职业教育改革实施方案”和“境 ⋯业建设系列教材

西餐烹饪基础

主　编　彭仕林　武　军

副主编　苏　莉　黄武健
　　　　莫基发　何凤萍

图书在版编目(CIP)数据

西餐烹饪基础/彭仕林，武军主编.—合肥：合肥工业大学出版社，2023.6
ISBN 978-7-5650-6248-3

Ⅰ.①西… Ⅱ.①彭… ②武… Ⅲ.①西式菜肴—烹饪—中等专业学校—教材
Ⅳ.①TS972.118

中国国家版本馆CIP数据核字（2023）第096967号

西餐烹饪基础

彭仕林 武 军 主编　　　　责任编辑 毕光跃

出 版	合肥工业大学出版社	版 次	2023年6月第1版
地 址	合肥市屯溪路193号	印 次	2023年6月第1次印刷
邮 编	230009	开 本	787毫米×1092毫米 1/16
电 话	理工图书出版中心：0551-62903204	印 张	7.75
	营销与储运管理中心：0551-62903198	字 数	184千字
网 址	press.hfut.edu.cn	印 刷	安徽联众印刷有限公司
E-mail	hfutpress@163.com	发 行	全国新华书店

ISBN 978-7-5650-6248-3　　　　定价：40.00元

前　言

党的二十大报告指出："教育、科技、人才是全面建设社会主义现代化国家的基础性、战略性支撑。"本书紧扣国家战略和党的二十大精神，本着理论够用、技能实用的人才培养原则，注重内容精练、重点突出。

本书是烹饪专业的核心课程，又是应用性、实践性很强的课程之一。为进一步适应职业教育教学的改革需要，本着前沿、实用和可操作性的原则，我们在吸收以往教材优点的基础上编写了本书。本书主要有以下几个特点：

第一，内容选取代表性强，创新色彩鲜明。本书根据西餐厨房岗位的实际需求，参照国家西式烹调师中级的职业标准及技能规范，同时参考职业教育技能大赛大纲的内容和要求等进行编写。本书各模块中任务的选取注重基础性和典型性，在组织编排上由易到难，循序渐进。书中的一些菜品是编者原创的，对学习者参加技能大赛具有重要的指导意义。

第二，图文并茂，实践任务操作性强。本书的内容编排采用图文并茂的形式，通过对制作流程详尽的讲解、关键环节的图片展示，形象地讲述了西餐制作的知识和技能，活泼新颖，通俗易懂，可以帮助读者迅速掌握相关品种的制作方法与技巧。

第三，理论够用，微课视频配备齐全。本书在编写过程中充分考虑了职业技术学校的教学规律和教学特点，以"强化实践，突出实训"为原则，做到理论知识的"必需"和"够用"。为方便读者更直观地学习，全书20个任务都配备了微课视频，通过扫描二维码，读者直接可观看微课。

本书根据西式烹调师职业活动分析，以工作任务为载体，确定了九个模块，每个模块由若干任务组成，每个任务的编排分为七个环节，分别是：情景导入、任务目标与要求、知识链接、任务实施、技能拓展、任务评价、巩固提升，建议授课80课时。由于地域差异，教师使用本书时可根据实际情况适当调整。

80课时具体分配建议如下表所列。

模块	教学内容	建议课时
一	基础篇	16
二	蔬菜篇	8

（续表）

模块	教学内容	建议课时
三	家禽篇	8
四	牛肉篇	8
五	猪肉篇	8
六	羊肉篇	8
七	海鲜篇	8
八	面食篇	8
九	东南亚篇	8

本书由高级技师彭仕林、武军主编，各模块具体分工如下：模块一、模块二由彭仕林编写，模块三、模块四由莫基发编写，模块五、模块六由黄武建编写，模块七、模块八、模块九由武军与何凤萍共同编写，苏莉负责统稿、统审。编者在编写的过程中参阅了众多专家、学者的相关文献，参考了互联网上的有关资源，同时得到了南宁伊制味食品有限公司、广西华枫酒店管理有限公司、广西南宁希尔顿欢朋酒店、源味北欧西餐厅、帕蓝9泰国餐厅、上海天泰餐饮有限公司的帮助和支持，在此一并表示感谢。

由于编写时间仓促，水平有限，书中肯定存在不足之处，还望各位读者能够提出宝贵的意见及建议，欢迎发送邮件至1096486032@qq.com与编者联系，以便我们再版时进一步完善。

编　者

2023年5月

目　　录

模块一　基础篇

任务一　制作法式蛋黄酱

情境导入

微课1　法式蛋黄酱

小李学校毕业后到某酒店西厨房工作。今天师傅将指导小李完成西厨房常用酱汁——法式蛋黄酱的制作。为了完成师傅交代的任务，尽快提升自己的职业技能，小李虚心请教师傅，为完成任务做好了准备。

任务目标与要求

制作法式蛋黄酱的任务目标与要求见表1-1-1所列。

表1-1-1　制作法式蛋黄酱的任务目标与要求

工作任务	在师傅的指导下，独立制作一份符合企业标准的法式蛋黄酱
任务目标	1. 熟知法式蛋黄酱的原料 2. 掌握法式蛋黄酱的工艺流程 3. 培养学生精益求精的工匠精神
任务要求	1. 熟悉法式蛋黄酱原料的特性 2. 掌握法式蛋黄酱的制作步骤 3. 明确产品企业标准 4. 个人独立完成任务 5. 操作过程符合职业素养要求和安全操作规范 6. 产品达到企业标准，符合食品卫生要求

知识链接

打发指黄油、奶油、鸡蛋等的搅拌，常用于西餐酱汁制作。

任务实施

一、原料准备

A：生鸡蛋黄2个、黄芥末酱30克、柠檬汁10克、精盐2克。

B：橄榄油250克。

原料准备如图1-1-1所示。

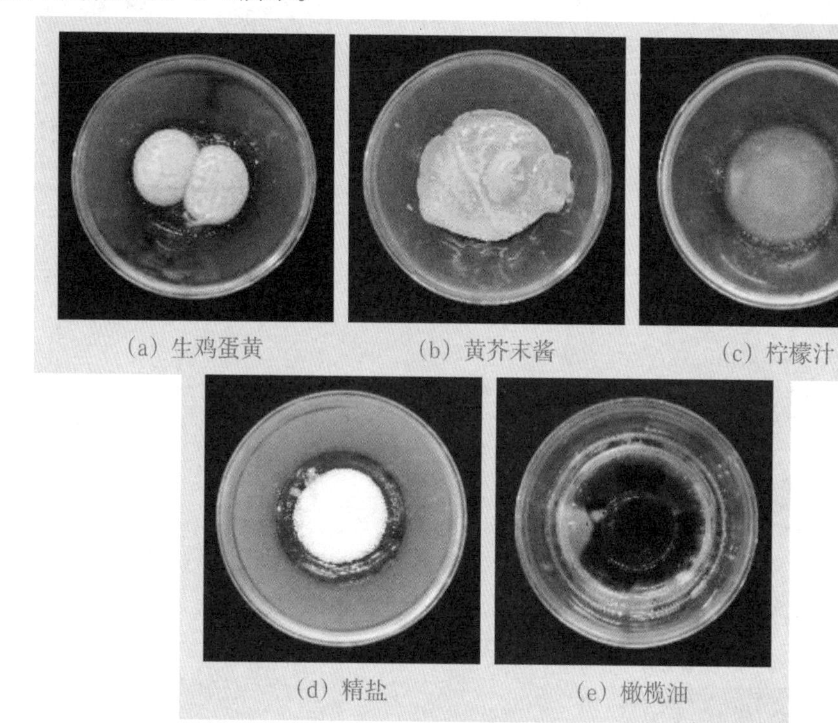

(a) 生鸡蛋黄　(b) 黄芥末酱　(c) 柠檬汁　(d) 精盐　(e) 橄榄油

图1-1-1　原料准备

二、制作过程

1. 工具准备

手动打蛋器、大玻璃碗。

2. 工艺流程

加料→打发→成型→装盘。

小妙招

1.打发蛋黄酱，采用手握式打法，且手与打蛋器成90°直解，便于用力。

2.油的加入采用少量多次的方法。

3.打发速度要适中，尽量保持匀速。

3. 制作步骤

1）将生鸡蛋黄、黄芥末酱、柠檬汁、精盐混合均匀，如图1-1-2所示。

2）一边搅拌蛋黄混合物，一边缓慢滴入橄榄油，如图1-1-3所示。

图1-1-2　混合原料

3）搅拌至橄榄油被吸收后再继续滴入，直至五分之一的橄榄油加入蛋黄混合物中，如图1-1-4所示。

3）继续滴入橄榄油，直到橄榄油全部融入蛋黄混合物，如图1-1-5所示。

4）提起打蛋器，蛋黄酱不滴落即打发成功，如图1-1-6所示。

5）盛出法式蛋黄酱，装入酱盅，如图1-1-7所示。法式蛋黄酱成品如图1-1-8所示。

图1-1-3　缓慢滴入橄榄油

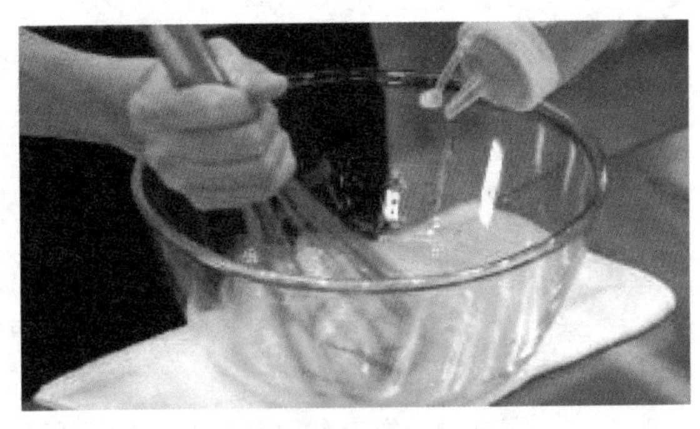

图1-1-4　搅拌至橄榄油被吸收后再继续滴入

图1-1-5　继续滴入橄榄油

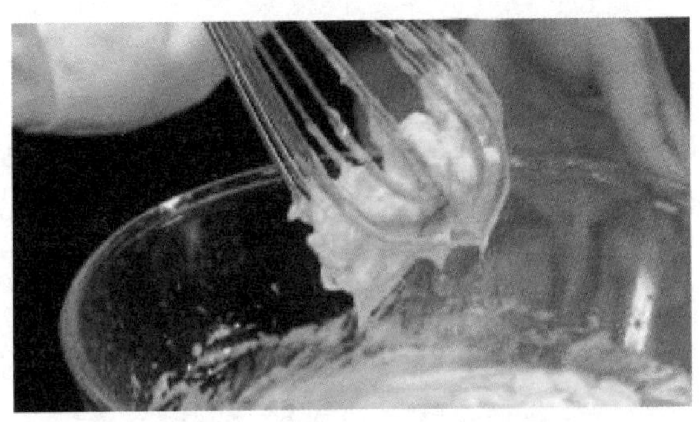

图1-1-6　提起打蛋器蛋黄酱不滴落

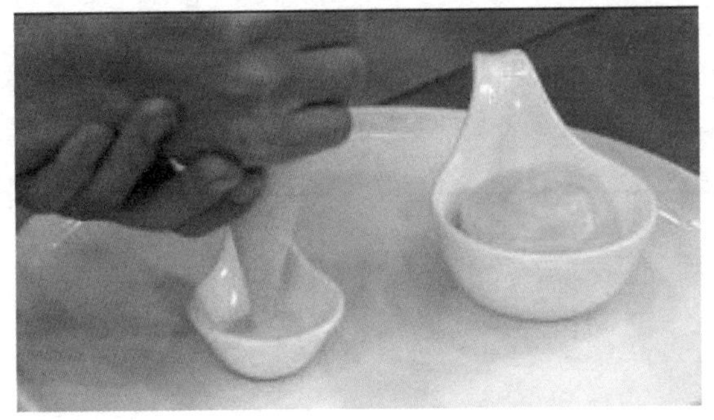

图1-1-7　装入酱盅

图1-1-8　法式蛋黄酱成品

4. 成品标准

1）颜色呈淡黄色，酱汁浓稠，缓慢滴落。

2）口感咸香，带有柠檬和芥末香味。

技能拓展

查找资料，自己制作紫苏松子榄油汁，其主料、烹饪方法和口味特点见表1-1-2所列。

表1-1-2　紫苏松子榄油汁的主料、烹饪方法和口味特点

主料：紫苏、松子、橄榄油
烹饪方法：烤
口味特点：口味清纯，松子清香，紫苏香味十足

任务评价

任务完成后，根据制作的情况，学生进行自评、互评，教师给以评分，并填入表1-1-3。

表1-1-3　制作法式蛋黄酱任务评价表

班级：　　　　　　　姓名：

评价内容	评价要求	评分分值	学生自评	学生互评	教师评分
制作准备（20分）	职业着装规范（衣服、围裙、帽子干净整洁）	5			
	原料、工具准备齐全	5			
	操作前个人卫生符合企业标准（课前洗手）	10			
制作过程（40分）	打蛋器：使用熟练（手与打蛋器成90°直角，转动流畅）	10			
	拌料：拌料熟练（下料时间准确、过程正确）	10			
	打发：打发过程熟练（蛋黄酱打发成功）	10			
	装盘：符合制作标准	10			
卫生（20分）	操作工具干净整洁，无异物	10			
	操作工位干净整洁，无异物	5			
	成品器皿干净整洁，无异物	5			
成品质量（20分）	成品颜色呈淡黄色，酱汁浓稠，缓慢滴落	10			
	口感咸香，带有柠檬和芥末香味	10			
评分		100			

巩固提升

一、选择题

1. 利用蛋黄的（　）作用可以制作蛋黄酱。

A. 分离　　B. 乳化　　C. 合并　　D. 调味

2. 黄芥末酱是（　）加工而成。

A. 山葵　　B. 菜籽　　C. 芥菜种子　　D. 蛋黄

二、简答题

青芥末和黄芥末有什么区别？

三、计算题

2个蛋黄可以加入色拉油约250克，3个蛋黄可以加入色拉油多少克？

任务二　制作法式白汁酱

情境导入

微课2　法式白汁酱

今天师傅将指导小李完成西厨房常用西式酱汁——法式白汁酱的制作。为了完成师傅交代的任务，尽快提升自己的职业技能，小李虚心请教师傅，为完成任务做好了准备。

任务目标与要求

制作法式白汁酱的任务目标与要求见表1–2–1所列。

表1-2-1　制作法式白汁酱的任务目标与要求

工作任务	在师傅的指导下独立制作一份符合企业标准的法式白汁酱
任务目标	1. 熟知法式白汁酱的原料 2. 掌握法式白汁酱的工艺流程
任务要求	1. 熟悉法式白汁酱原料的特性 2. 掌握法式白汁酱的制作步骤 3. 明确产品企业标准 4. 个人独立完成任务 5. 操作过程符合职业素养要求和安全操作规范 6. 产品达到企业标准，符合食品卫生要求

知识链接

1. 煮

煮是将食材放置在锅中，加入适量的汤汁或清水、调料，用武火煮沸后，再用文火煮熟。其适用于体小、质软类的原料。所制食品口味清鲜、美味，是一种健康的饮食方式。

煮有水煮、油煮、奶油煮、红油煮、汤煮、白煮、糖煮等类型。

2. 炒

炒是一种广泛使用的烹调方法，它一般以油为主要导热体，将小型原料用中旺火在较短时间内加热成熟、调味成菜。

任务实施

一、原料准备

A：黄油50克、低筋面粉50克。

B：牛奶250克。

C：肉豆蔻粉1克、精盐2克、白胡椒粉1克。

原料准备如图1–2–1所示。

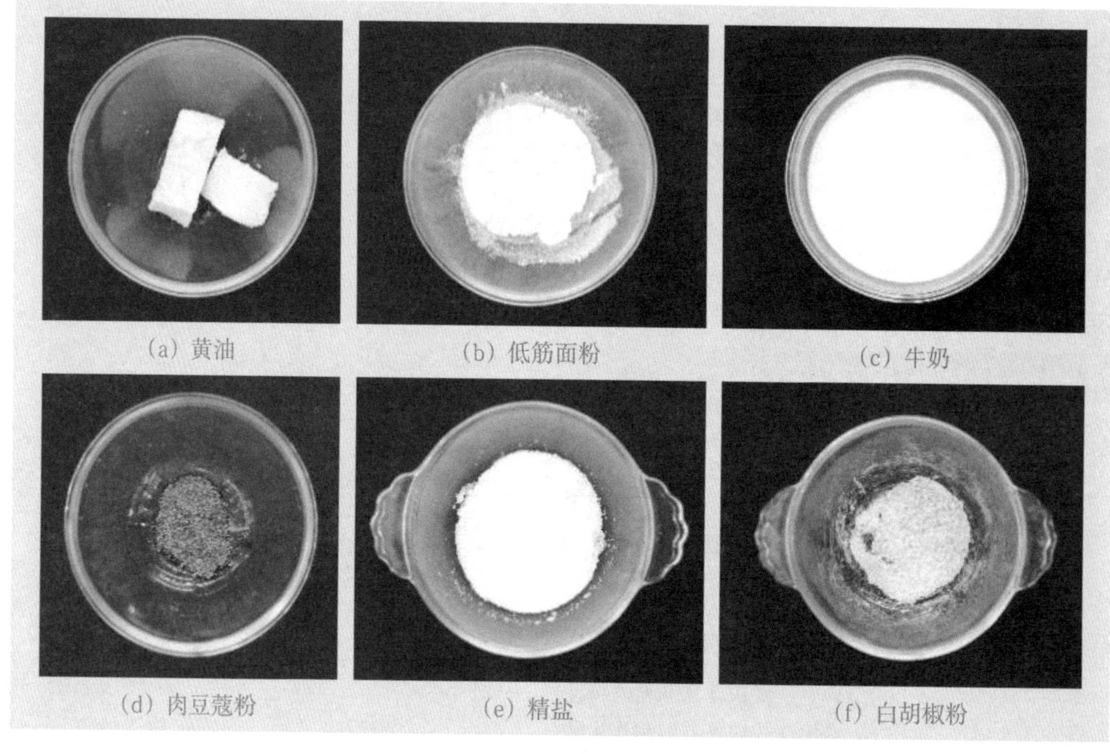
(a) 黄油　(b) 低筋面粉　(c) 牛奶
(d) 肉豆蔻粉　(e) 精盐　(f) 白胡椒粉

图1-2-1　原料准备

图1-2-2　熔化黄油

图1-2-3　翻炒低筋面粉

二、制作过程

1. 工具准备

酱汁锅、手动打蛋器、锅铲（或软刮刀）汤勺、酱汁碗。

2. 工艺流程

炒油面糊→加入牛奶→煮制浓稠→调味→装盘。

3. 制作步骤

1）将黄油放入酱汁锅中，小火熔化，如图1-2-2所示。

2）倒入低筋面粉，翻炒均匀，如图1-2-3所示。

3）炒制面粉糊呈现蜂窝状气孔，即成油面糊，如图1-2-4所示。

4）在油面糊中缓慢冲入牛奶，同时快速搅打均匀，如图1-2-5所示。

图1-2-4 制作油面糊

图1-2-5 冲入牛奶

5）开小火熬煮，同时不停搅拌，防止底部煮煳，如图1-2-6所示。

6）加入精盐、白胡椒粉、肉豆蔻粉调味，快速搅匀，如图1-2-7所示。

7）熬煮至酱汁浓稠，用勺子舀起能够挂勺即可，如图1-2-8所示。

8）将煮好的白汁酱盛入碗中，如图1-2-9所示。法式白汁酱成品如图1-2-10所示。

图1-2-6 熬煮搅拌

图1-2-7 调味

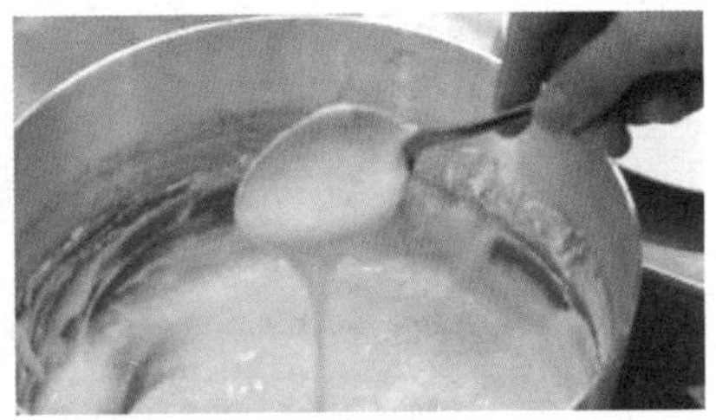
图1-2-8 熬煮至酱汁浓稠

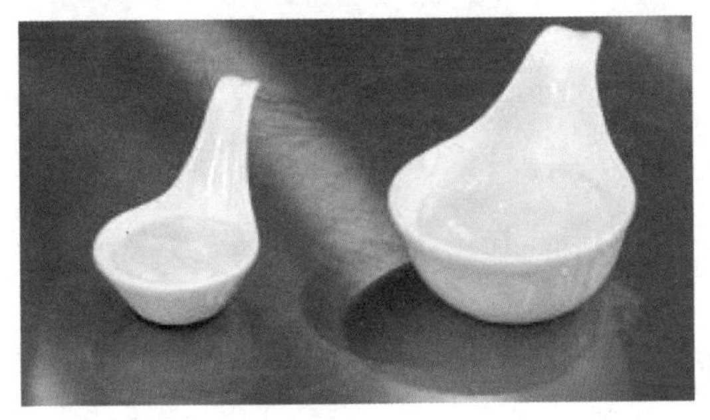
图1-2-9 将煮好的白汁酱盛入碗中

图1-2-10 法式白汁酱成品

4. 成品标准

1）酱汁呈浓稠流动状，光滑细腻。

2）口感细腻绵密，带有浓郁的牛奶香味。

技能拓展

自己查资料，制作千岛酱。千岛酱的主料、烹饪方法和口味特点见表1-2-2所列。

表1-2-2 千岛酱的主料、烹饪方法和口味特点

主料：蛋黄酱、鸡蛋、酸黄瓜、番茄少司、洋葱、柠檬汁、白兰地酒、精盐、胡椒粉
烹饪方法：拌
口味特点：口味酸甜，色泽粉红

任务评价

任务完成后，根据制作的情况，学生进行自评、互评，教师给以评分，并填入表1-2-3。

表1-2-3　制作法式白汁酱任务评价表

班级：　　　　　　　姓名：

评价内容	评价要求	评分分值	学生自评	学生互评	教师评分
制作准备（20分）	职业着装规范（衣服、围裙、帽子干净整洁）	5			
	原料、工具准备齐全	5			
	操作前个人卫生符合企业标准（课前洗手）	10			
制作过程（40分）	黄油小火熔化，不能煳锅	10			
	黄油面粉糊炒至呈现蜂窝状气孔	10			
	缓慢冲入牛奶，煮至浓稠细腻无颗粒	10			
	酱汁过筛后装盘	10			
卫生（20分）	操作工具和操作工位干净整洁，无异物	10			
	成品器皿干净整洁，无异物	10			
成品质量（20分）	酱汁呈浓稠流动状，光滑细腻	10			
	口感细腻绵密，带有浓郁的牛奶香味	10			
评分		100			

巩固提升

一、选择题

1. 肉豆蔻又称（　），原产于马来西亚、印度尼西亚，中国广东、广西、云南亦有栽培。

A. 豆果　　B. 肉果　　C. 肉桂　　D. 草果

2. 黄油是从（　）中提炼加工而成。

A. 大豆　　B. 牛奶　　C. 蛋白质　　D. 乳清

二、简答题

为什么不能用大火熔化黄油？

三、计算题

在酱汁制作中，大众口味的咸味（用盐量）一般定在1.2%的量。例如，你做一份黑胡椒酱，估计整份在500克，那么用盐量应该控制在多少克？

任务三 制作布朗少司

微课3 布朗少司

情境导入

今天师傅将指导小李完成西厨房常用西式少司——布朗少司的制作。为了完成师傅交代的任务，尽快提升自己的职业技能，小李虚心请教师傅，为完成任务做足了准备。

任务目标与要求

制作布朗少司的任务目标与要求见表1–3–1所列。

表1-3-1 制作布朗少司的任务目标与要求

工作任务	在师傅的指导下独立制作一份符合企业标准的布朗少司
任务目标	1. 熟知布朗少司的原料 2. 掌握布朗少司的工艺流程
任务要求	1. 熟悉布朗牛基础汤和布朗少司原料的特性 2. 掌握布朗少司的制作步骤 3. 明确产品企业标准 4. 个人独立完成任务 5. 操作过程符合职业素养要求和安全操作规范 6. 产品达到企业标准，符合食品卫生要求

知识链接

1. 熬煮

熬煮也指文火慢煮，是常用于汤类菜肴的烹饪方法。

2. 西餐的基础汤

西餐的基础汤（stock）又称底汤，是用富含蛋白质、矿物质和胶原物质的动物性原料按一定方法煮制成的一种营养丰富、滋味鲜醇的汤汁，是西餐中制作各种汤菜和少司的基本用料。

西餐的汤菜可分为清汤类、奶油汤类、蔬菜汤类、泥茸汤类、冷汤类五种类型，它们各具特色和风味。每种类型的汤菜都使用特定的基础汤。西餐的汤菜制作考究，工艺细致，而基础汤是汤菜的主要成分。

西餐中的少司（sauce）为西餐中广泛应用于各种冷、热菜式的调味汁，品种繁多，表明西餐味型的多样化。制作少司需要量多质优的基础汤，以确保少司的质量。制取基础汤是西餐烹调中必不可缺的重要环节。

任务实施

一、原料准备

1. 布朗牛基础汤原料

A：色拉油30克、牛肉150克、牛筒骨300克、胡萝卜100克、洋葱100克、百里香20克、香叶4片、西芹100克、番茄少司200克。

B：红葡萄酒100克。

布朗牛基础汤原料准备，如图1-3-1所示。

(a) 色拉油　(b) 牛肉　(c) 牛筒骨　(d) 胡萝卜　(e) 洋葱　(f) 百里香　(g) 香叶　(h) 西芹　(i) 番茄少司　(j) 红葡萄酒

图1-3-1　布朗牛基础汤原料准备

2. 布朗少司原料

精盐2克、白砂糖5克、辣酱油20克、白胡椒粉1克、油面糊30克。

布朗少司原料准备，如图1–3–2所示。

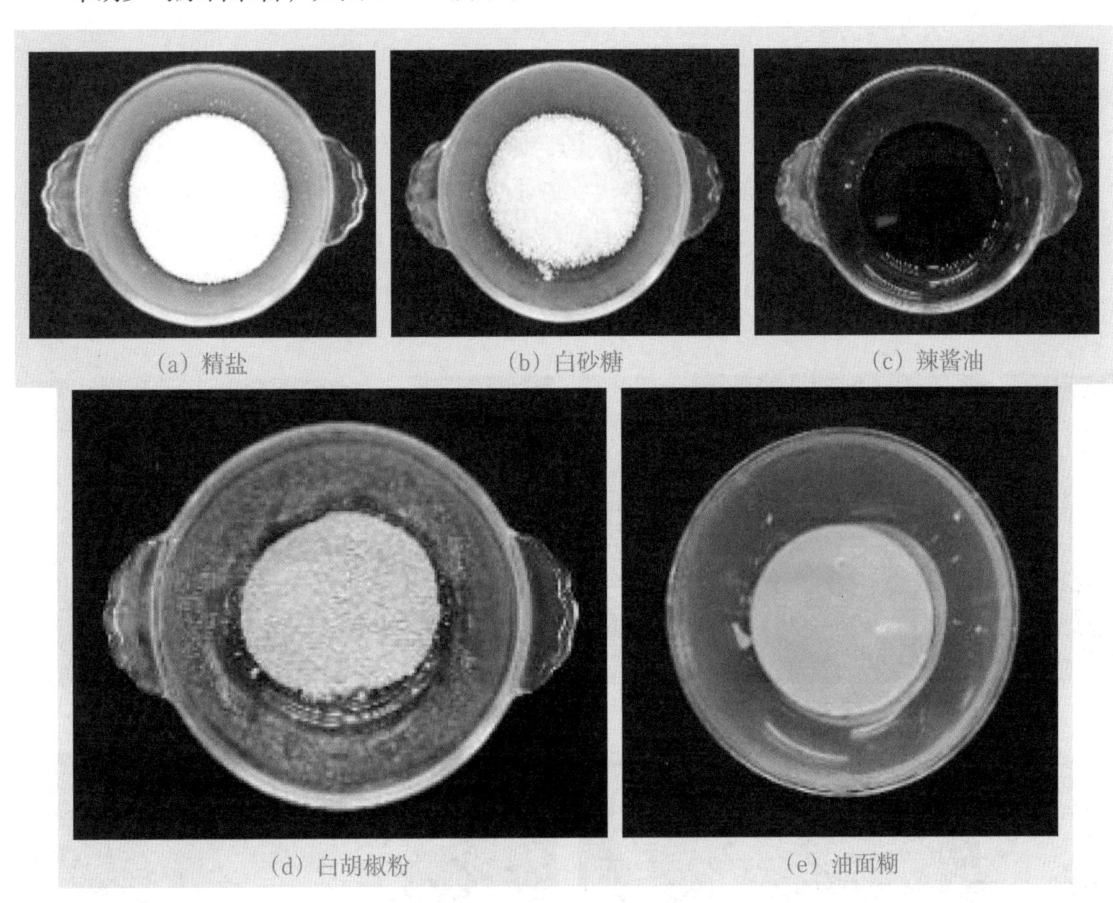

(a) 精盐　(b) 白砂糖　(c) 辣酱油　(d) 白胡椒粉　(e) 油面糊

图1–3–2　布朗少司原料准备

二、制作过程

1. 工具准备

平底锅、酱汁锅、锅铲、手动打蛋器、汤勺、酱汁碗、细筛网。

2. 工艺流程

烤制牛骨→处理原料→炒制原料→熬煮→倒出过滤→基础汤中加入油面糊→煮制浓稠→装盘。

3. 制作步骤

1）将牛筒骨放在烤盘上，放入烤箱，220℃烤制30分钟，取出备用，如图1–3–3所示。

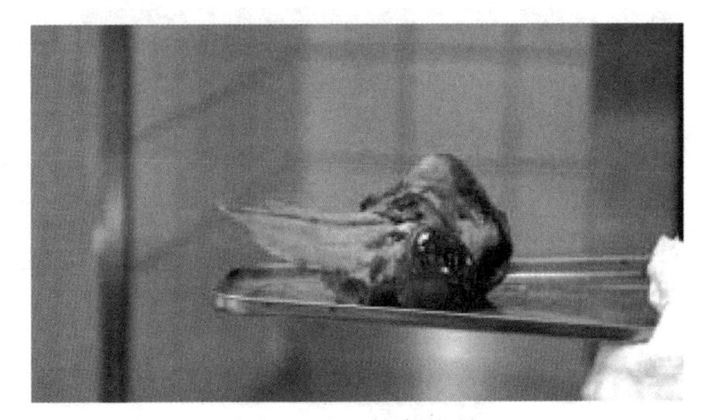

图1–3–3　烤制牛骨

2）平底锅烧热，加入色拉油，下入切好的胡萝卜、洋葱、西芹、牛肉翻炒，加入百里香、香叶继续煸炒至焦褐色，如图1–3–4所示。

3）加入番茄少司，炒制成红褐色，如图1–3–5所示。

4）加入红葡萄酒，继续煸炒，如图1–3–6所示。

5）食材中的水分煸干后，倒入酱汁锅中，加入大量清水，放入烤好的牛筒骨，熬煮4个小时，如图1–3–7所示。

6）将汤汁过滤到碗中，即为布朗牛基础汤，如图1–3–8所示。

7）取300克布朗牛基础汤倒入酱汁锅中，开小火，加入精盐、白砂糖、白胡椒粉、辣酱油调味，如图1–3–9所示。

8）加入油面糊，用手动打蛋器朝着一个方向快速搅打，煮制成流体状，如图1–3–10所示。

图1–3–4　炒制原料

图1–3–5　加入番茄沙司

图1–3–6　加入红葡萄酒

图1–3–7　熬煮

图1–3–8　倒出过滤

图1–3–9　调味

9）将制作好的布朗少司盛入酱汁碗中即可，如图1-3-11所示。

图1-3-10 煮制成流体状

图1-3-11 布朗少司

4. 成品标准

1）少司呈流体状，色泽棕褐色。

2）口感细腻浓香，带有浓郁的牛肉和蔬菜香味。

技能拓展

自己查找资料，制作番茄少司，其主料、烹饪方法和口味特点见表1-3-2所列。

表1-3-2 番茄少司，其主料、烹饪方法和口味特点

主料：新鲜番茄、番茄酱、色拉油、洋葱、百里香、布朗基础汤
烹饪方法：熬
口味特点：色泽红亮，口味咸酸

任务评价

任务完成后，根据制作的情况，学生进行自评、互评，教师给以评分，并填入表1-3-3。

表1-3-3 制作布朗少司任务评价表

班级： 姓名：

评价内容	评价要求	评分分值	学生自评	学生互评	教师评分
制作准备（20分）	职业着装规范（衣服、围裙、帽子干净整洁）	5			
	原料、工具准备齐全	5			
	操作前个人卫生符合企业标准（课前洗手）	10			
制作过程（40分）	牛肉炒成焦褐色	10			
	蔬菜原料炒成棕褐色	10			
	加入番茄酱炒制成红褐色	10			
	加入油面糊后朝着一个方向快速搅打	10			

（续表）

评价内容	评价要求	评分分值	学生自评	学生互评	教师评分
卫生（20分）	操作工具干净整洁，无异物	10			
	操作工位干净整洁，无异物	5			
	成品器皿干净整洁，无异物	5			
成品质量（20分）	成品呈流体状，色泽棕褐色	10			
	口感细腻浓香，带有浓郁的牛肉和蔬菜香味	10			
评分		100			

巩固提升

一、选择题

1.（　）不是布朗基础汤。

A. 鸡基础汤　　B. 牛基础汤　　C. 蔬菜基础汤　　D. 鱼基础汤

2. 布朗牛基础汤常用来制作（　）。

A. 布朗少司　　B. 鱼类菜肴　　C. 海鲜少司　　D. 海鲜菜肴

二、简答题

番茄酱和番茄少司有什么区别？

三、计算题

在少司制作中，咸味一般定在0.9%的量。例如，你做一份奶油少司，估计整份在300克，那么用盐量应该控制在多少克？

任务四　制作安列蛋卷配火腿、腌肉

情境导入

微课4　安列蛋卷配火腿、腌肉

今天师傅将指导小李完成西厨房常见西式早餐——安列蛋卷配火腿、腌肉的制作。为了完成师傅交代的任务，尽快提升自己的职业技能，小李虚心请教师傅，为完成任务做好了准备。

任务目标与要求

制作安列蛋卷配火腿、腌肉的任务目标与要求见表1–4–1所列。

表1-4-1　制作安列蛋卷配火腿、腌肉的任务目标与要求

工作任务	在师傅的指导下独立制作一份符合企业标准的安列蛋卷配火腿、腌肉
任务目标	1. 熟知安列蛋卷配火腿、腌肉使用的原料 2. 掌握安列蛋卷配火腿、腌肉的工艺流程
任务要求	1. 熟悉安列蛋卷配火腿、腌肉原料的特性 2. 掌握安列蛋卷配火腿、腌肉的制作步骤 3. 明确产品企业标准 4. 个人独立完成任务 5. 操作过程符合职业素养要求和安全操作规范 6. 产品达到企业标准，符合食品卫生要求

知识链接

由于炒是旺火速成，所以在很大程度上保持了原料的营养成分。炒制食物时，锅内放少量的油在旺火上快速烹制，搅拌、翻锅；炒的过程中，食物总处于运动状态，将食物扒散在锅边，然后收到锅中，再扒散，不断重复操作。

任务实施

一、原料准备

A：鸡蛋3个、精盐1克、黑胡椒碎1克。

B：火腿1片、腌肉（培根）1片、芝士2片、青椒10克、红椒10克、洋葱5克。

C：黄油20克。

D：番茄少司10克、欧芹碎适量。

原料准备如图1–4–1所示。

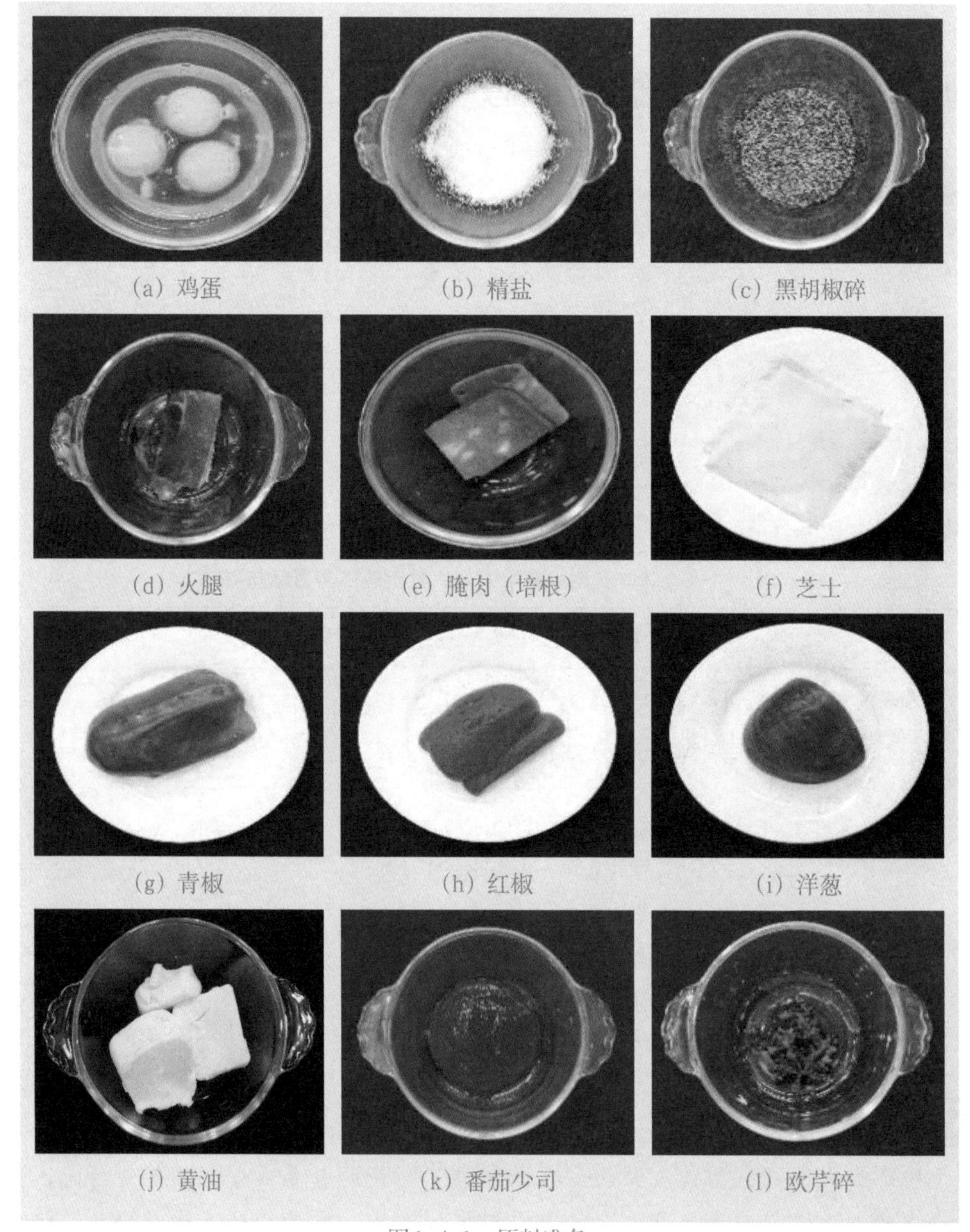

(a) 鸡蛋　(b) 精盐　(c) 黑胡椒碎
(d) 火腿　(e) 腌肉（培根）　(f) 芝士
(g) 青椒　(h) 红椒　(i) 洋葱
(j) 黄油　(k) 番茄少司　(l) 欧芹碎

图1-4-1　原料准备

二、制作过程

1. 工具准备

平底锅、大玻璃碗、锅铲（或软刮刀）、西餐主刀。

2. 工艺流程

蛋液调味→切制配菜→煎制火腿培根→炒制鸡蛋→成型→装盘。

3. 制作步骤

1）将鸡蛋打散，加入黑胡椒碎、精盐调味，搅打均匀，如图1-4-2所示。

2）将青椒、红椒、洋葱切制成0.5厘米见方的小丁，放入蛋液中混合均匀，如图1–4–3所示。

3）平底锅烧热后，放入火腿和培根，煎至金黄色，至成熟，如图1–4–4所示。

4）取出切成小片即可，如图1–4–5所示。

5）锅中加入黄油，烧至完全熔化，如图1–4–6所示。

6）倒入蛋液混合物，在蛋液未凝固前要用锅铲不停翻炒，将底部蛋液翻出，使蛋液均匀成熟，如图1–4–7所示。

7）蛋液成半凝固状态时停止翻动，在表面加入芝士片、培根和火腿片，如图1–4–8所示。

8）将鸡蛋从锅的边缘慢慢卷起，卷成圆柱形即可，如图1–4–9所示。

9）成型后装盘，淋上番茄少司，撒上欧芹碎，如图1–4–10所示。安列蛋卷配火腿、腌肉成品，如图1–4–11所示。

图1-4-2　蛋液调味

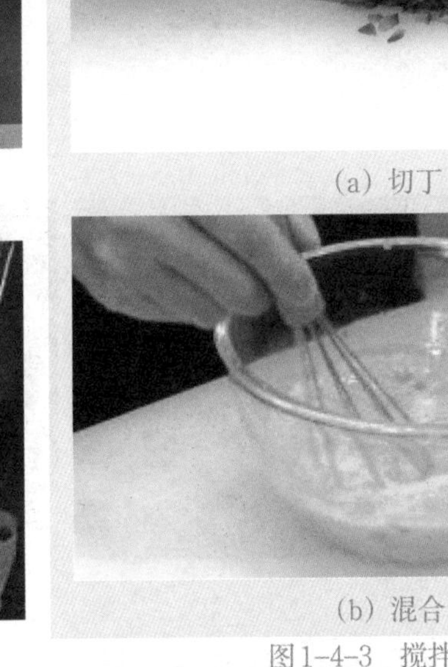

（a）切丁

（b）混合

图1-4-3　搅拌混合

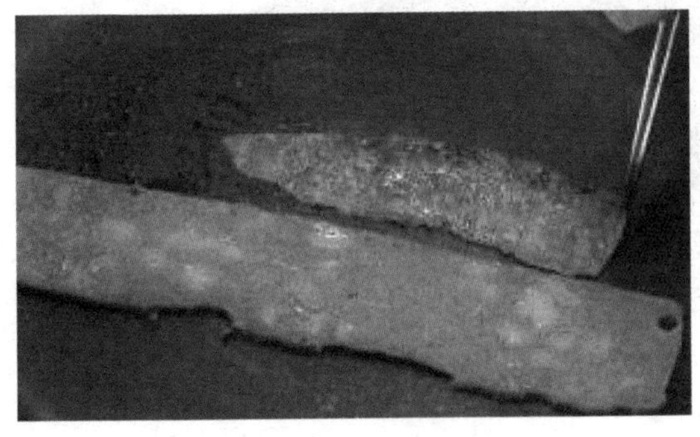

图1-4-4　煎制火腿和培根

图1-4-5　切成小片

图1-4-6　熔化黄油

图1-4-7　炒制鸡蛋

（a）蛋液成半凝固状态时停止翻动

（b）在表面加入芝士片、培根和火腿片

图1-4-8　制作蛋饼

（a）将鸡蛋饼从锅的边缘慢慢卷起

（b）卷成圆柱形

图1-4-9　把鸡蛋饼卷成圆柱形

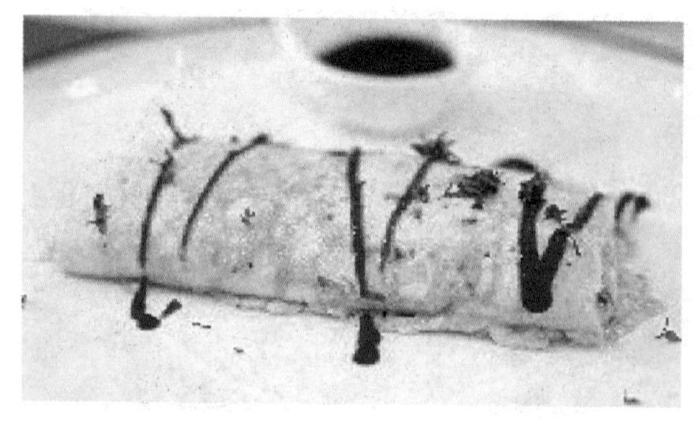

图1-4-10　装盘

图1-4-11　安列蛋卷配火腿、腌肉

4. 成品标准

1）蛋卷呈金黄色圆柱形，表面光滑。

2）蛋卷口感嫩滑，带有芝士火腿香味。

技能拓展

自己查找资料，制作水波蛋配法包，其主料、烹饪方法和口味特点见表1–4–2所列。

表1-4-2　水波蛋配法包的主料、烹饪方法和口味特点

主料：鸡蛋、法包
烹饪方法：煮
口味特点：蛋香浓郁，蛋黄呈流动状

任务评价

任务完成后，根据制作的情况，学生进行自评、互评，教师给以评分，并填入表1–4–3。

表1-4-3　制作安列蛋卷配火腿、腌肉任务评价表

班级：　　　　　　　姓名：

评价内容	评价要求	评分分值	学生自评	学生互评	教师评分
制作准备（20分）	职业着装规范（衣服、围裙、帽子干净整洁）	5			
	原料、工具准备齐全	5			
	操作前个人卫生符合企业标准（课前洗手）	10			
制作过程（40分）	青椒、红椒、洋葱切制成0.5厘米的粒状	10			
	火腿和培根煎至金黄色	10			
	鸡蛋煎至嫩滑，成圆柱形状态	10			
	装盘：蛋卷完整，装饰美观	10			
卫生（20分）	操作工具干净整洁，无异物	10			
	操作工位干净整洁，无异物	5			
	成品器皿干净整洁，无异物	5			
成品质量（20分）	蛋卷呈黄色圆柱形，表面光滑	10			
	蛋卷口感嫩滑，带有芝士火腿香味	10			
评分		100			

巩固提升

一、选择题

1. 培根是采用（　）工艺制作而成。

A. 碳烤　　B. 蒸　　C. 烟熏　　D. 晒

2. 芝士是从（　）提炼加工而成。

A. 羊奶　　B. 牛奶　　C. 鸡蛋　　D. 乳清

二、简答题

为什么要用厨房纸吸干青椒和洋葱表面的水分？

三、计算题

1份安列蛋卷配火腿、腌肉成本为8元，成本占售价的50%，请计算销售价格。

模块二　蔬 菜 篇

任务一　制作培根土豆丝饼

微课5　培根土豆丝饼

情境导入

今天师傅将指导小李完成西厨房常见西式早餐——培根土豆丝饼的制作。为了完成师傅交代的任务，尽快提升自己的职业技能，小李虚心请教师傅，为完成任务做好了准备。

任务目标与要求

制作培根土豆丝饼的任务目标与要求见表2-1-1所列。

表2-1-1　制作培根土豆丝饼的任务目标与要求

工作任务	在师傅的指导下独立制作一份符合企业标准的培根土豆丝饼
任务目标	1. 熟知培根土豆丝饼使用的原料 2. 掌握培根土豆丝饼的工艺流程
任务要求	1. 熟悉培根土豆丝饼原料的特性 2. 掌握培根土豆丝饼的制作步骤 3. 明确产品企业标准 4. 个人独立完成任务 5. 操作过程符合职业素养要求和安全操作规范 6. 产品达到企业标准，符合食品卫生要求

知识链接

煎是以小火将锅烧热后，下入适量的油布满锅底，烧热，再下入加工好的原料，慢慢加热至成熟的烹调技法。制作时先煎好一面，再煎另一面，也可以两面交替煎制，油量以不浸没原料为宜。煎制时要不断晃锅或用手铲翻动，使食材受热均匀，两面一致。成品多呈金黄色，表皮酥脆。

任务实施

一、原料准备

A：去皮土豆1个（约200克）、精盐1克、白胡椒粉1克。

B：培根1片、黄油30克。

C：番茄少司10克。

原料准备如图2-1-1所示。

（a）去皮土豆　（b）精盐　（c）白胡椒粉

（d）培根　（e）黄油　（f）番茄少司

图2-1-1　原料准备

二、制作过程

1. 工具准备

平底锅、西式主刀、锅铲（或软刮刀）、大玻璃碗、吸油纸。

2. 工艺流程

切土豆丝、培根丝→煎制土豆丝饼→吸油→装盘。

3. 制作步骤

图2-1-2　土豆切薄片

1）将土豆切成厚度为0.1厘米的薄片，如图2-1-2所示。

2）将土豆片切成0.1厘米粗的丝，无需清洗泡水，如图2-1-3所示。

3）将培根切成0.1厘米粗的丝，如图2-1-4所示。

4）将土豆丝和培根丝混合，加入精盐、白胡椒粉调味，拌匀备用，如图2-1-5所示。

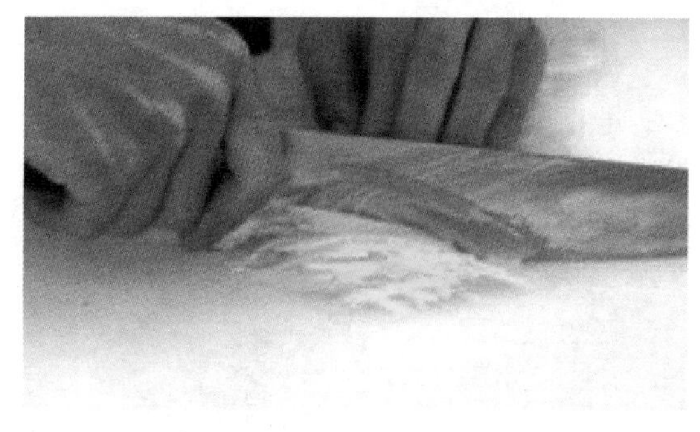

图2-1-3　土豆片切丝

5）锅中加入黄油小火熔化，放入一勺培根土豆丝（约30克），用锅铲（或软刮刀）修整成厚度为1厘米的圆形。一面煎成金黄色后，用锅铲（或软刮刀）翻面，将另一面也煎成金黄色，如图2-1-6所示。

图2-1-4　培根切丝

图2-1-5　土豆丝和培根丝混合调味

（a）放入一勺培根土豆丝

（b）用软刮刀整成圆形

（c）翻面

（d）煎至金黄色

图2-1-6　煎制培根土豆丝饼

6）将煎好的培根土豆丝饼放在厨房纸上，吸去多余油脂，如图2–1–7所示。

7）装盘搭配番茄少司，如图2–1–8所示。培根土豆丝饼成品如图2–1–9所示。

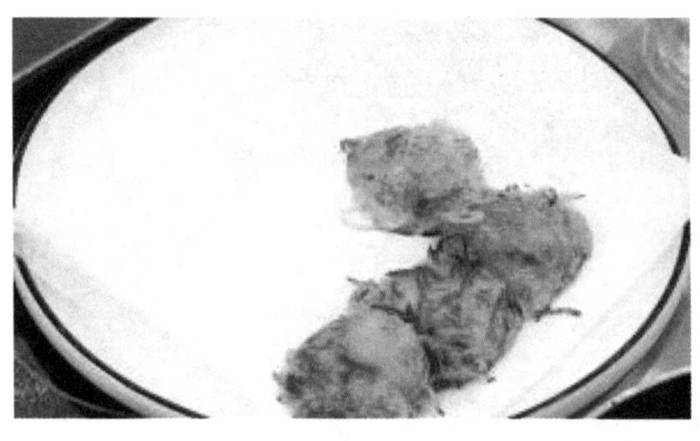

图2-1-7　吸油

图2-1-8　装盘

图2-1-9　培根土豆丝饼

4. 成品标准

1）色泽金黄均匀，呈圆形饼状。

2）口感外酥里嫩，培根香味浓郁。

技能拓展

自己查找资料，制作蘑菇土豆丝饼，其主料、烹饪方法和口味特点见表2–1–2所列。

表2-1-2　蘑菇土豆丝饼的主料、烹饪方法和口味特点

主料：土豆、蘑菇
烹饪方法：煮、炒
口味特点：土豆香味浓郁，蘑菇清香

任务评价

任务完成后，根据制作的情况，学生进行自评、互评，教师给以评分，并填入表2-1-3。

表2-1-3　制作培根土豆丝饼任务评价表

班级：　　　　　　　　姓名：

评价内容	评价要求	评分分值	学生自评	学生互评	教师评分
制作准备（20分）	职业着装规范（衣服、围裙、帽子干净整洁）	5			
	原料、工具准备齐全	5			
	操作前个人卫生符合企业标准（课前洗手）	10			
制作过程（40分）	将土豆加工成0.1厘米粗的丝	10			
	将培根加工成0.1厘米粗的丝	10			
	培根土豆丝饼整成圆形，厚度在1厘米左右	10			
	装盘：培根土豆丝饼形态完整，装盘美观	10			
卫生（20分）	操作工具干净整洁，无异物	10			
	操作工位干净整洁，无异物	5			
	成品器皿干净整洁，无异物	5			
成品质量（20分）	色泽金黄均匀，呈圆形饼状	10			
	口感外酥里嫩，培根香味浓郁	10			
评分		100			

巩固提升

一、选择题

1. 培根又名（　）。

A. 腌肉　　　　B. 猪肉　　　　C. 熏肉　　　　D. 火腿

2. 培根的英文名称是（　）。

A. peigen　　　　B. Bacon　　　　C. Bcon　　　　D. rasher

二、简答题

为什么土豆切成丝后不能泡水清洗？

三、计算题

1份培根土豆丝饼原料成本为2元，原料成本占售价的30%，计算销售价格。

任务二 制作蔬菜沙拉配油醋汁

微课6 蔬菜沙拉配油醋汁

情境导入

今天师傅将指导小李完成西厨房常见沙拉——蔬菜沙拉配油醋汁的制作。为了完成师傅交代的任务，尽快提升自己的职业技能，小李虚心请教自己的师傅，为完成任务做好了准备。

任务目标与要求

制作蔬菜沙拉配油醋汁的任务目标与要求见表2-2-1所列。

表2-2-1 制作蔬菜沙拉配油醋汁的任务目标与要求

工作任务	在师傅的指导下独立制作一份符合企业标准的蔬菜沙拉配油醋汁
任务目标	1. 熟知蔬菜沙拉配油醋汁的原料 2. 掌握蔬菜沙拉配油醋汁的工艺流程
任务要求	1. 熟悉蔬菜沙拉配油醋汁原料的特性 2. 掌握蔬菜沙拉配油醋汁的制作步骤 3. 明确产品企业标准 4. 个人独立完成任务 5. 操作过程符合职业素养要求和安全操作规范 6. 产品达到企业标准，符合食品卫生要求

知识链接

拌是把生料或凉的熟料改刀加工成丝、条、片、块等小料后，加调味品拌制成菜。在西餐中，蔬菜沙拉的调味品主要是酱油、醋、沙拉酱等，也可根据口味需要，用黄芥末酱、蒜末、姜末汁、白糖等调味。拌生料菜时，需选用干净无污染的原料，洗净后再切成小料拌制。

任务实施

一、原料准备

主料：西生菜50克、红叶生菜50克、苦叶生菜50克。

辅料：圣女果3个、樱桃萝卜1个。

调料：橄榄油50克、意大利黑醋50克、蜂蜜10克、精盐1克、黑胡椒碎1克。

原料准备如图2-2-1所示。

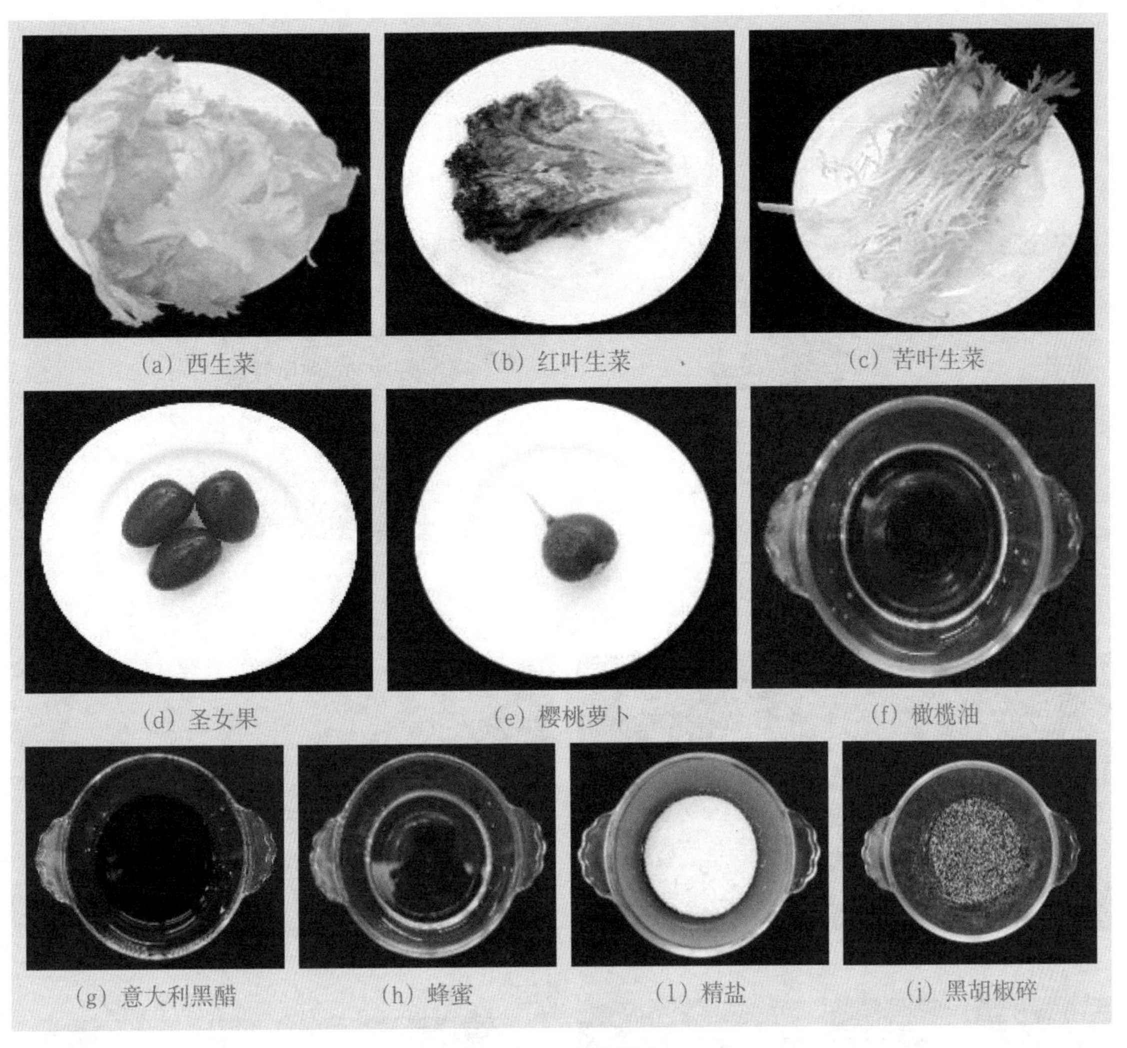

（a）西生菜　（b）红叶生菜　（c）苦叶生菜

（d）圣女果　（e）樱桃萝卜　（f）橄榄油

（g）意大利黑醋　（h）蜂蜜　（1）精盐　（j）黑胡椒碎

图2-2-1　原料准备

二、制作过程

1. 工具准备

沙拉碗、不锈钢夹、手动打蛋器。

2. 工艺流程

主料洗净加工泡冰水→油醋混合调味→油醋汁与主料拌匀→装盘。

3. 制作步骤

1）将樱桃萝卜切薄片，圣女果对半切开，泡入冰水中，如图2-2-2所示。

2）将洗净的西生菜、红叶生菜、苦叶生菜撕小块，放入冰水中浸泡10分钟，如图2-2-3所示。

3）将橄榄油、意大利黑醋、黑胡椒碎、精盐、蜂蜜放入调料碗中，快速搅打混合至半乳化状态，如图2-2-4所示。

4）将泡过冰水的混合生菜捞出沥干水分，放入沙拉碗中，加入加工好的圣女果和樱桃萝卜，如图2–2–5所示。

5）加入油醋汁，用不锈钢夹抓拌均匀，如图2–2–6所示。

6）装盘装饰即可，如图2–2–7所示。

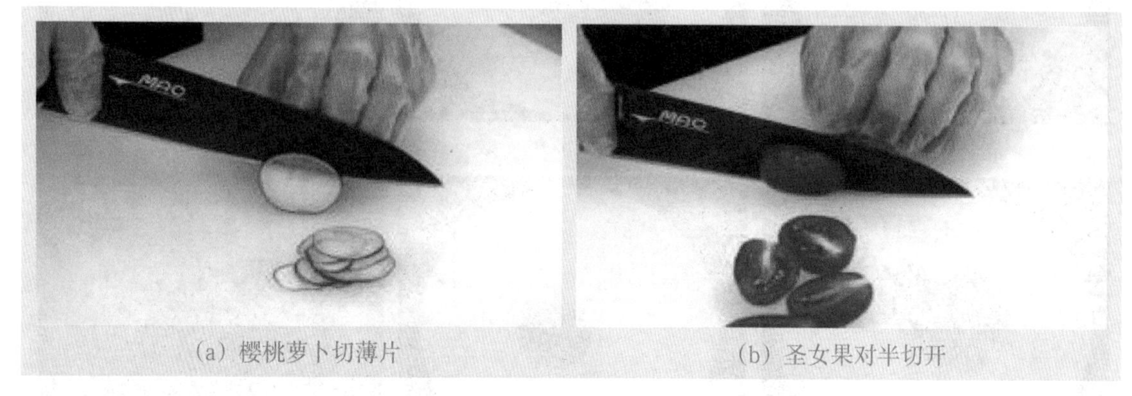

（a）樱桃萝卜切薄片　　（b）圣女果对半切开

图2–2–2　加工樱桃萝卜、圣女果

图2–2–3　浸泡生菜

图2–2–4　调制油醋汁

图2–2–5　混合生菜捞出沥干水分

（a）加入油醋汁

（b）抓拌均匀

图2–2–6　加入油醋汁拌匀

图2–2–7　装盘

4. 成品标准

1）油醋汁色泽黑亮，蔬菜颜色翠绿。

2）蔬菜口感脆嫩，味道酸咸适中。

技能拓展

自己查找资料，制作白芦笋鲜虾沙拉配法国汁，其主料、烹饪方法和口味特点见表2-2-2所列。

表2-2-2 白芦笋鲜虾沙拉配法国汁的主料、烹饪方法和口味特点

主料：虾、白芦笋
烹饪方法：拌
口味特点：虾肉清甜，芦笋脆嫩

任务评价

任务完成后，根据制作的情况，学生进行自评、互评，教师给以评分，并填入表2-2-3。

表2-2-3 制作蔬菜沙拉配油醋汁任务评价表

班级： 姓名：

评价内容	评价要求	评分分值	学生自评	学生互评	教师评分
制作准备（20分）	职业着装规范（衣服、围裙、帽子干净整洁）	5			
	原料、工具准备齐全	5			
	操作前个人卫生符合企业标准（课前洗手）	10			
制作过程（40分）	将西生菜、红叶生菜、苦叶生菜洗净后要用冰水浸泡10分钟	10			
	橄榄油与意大利黑醋用手动打蛋器快速搅打混合至半乳化状态	10			
	将泡过冰水的混合生菜捞出沥干水分	10			
	装盘：沙拉份量适宜，碟面干净	10			
卫生（20分）	操作工具干净整洁，无异物	10			
	操作工位干净整洁，无异物	5			
	成品器皿干净整洁，无异物	5			
成品质量（20分）	油醋汁色泽黑亮，蔬菜颜色翠绿	10			
	蔬菜口感脆嫩，味道酸咸适中	10			
评分		100			

巩固提升

一、选择题

1. 苦叶生菜又叫作（　）。

A. 生菜　　B. 菊苣　　C. 苦菜　　D. 苦苣

2. 橄榄油主要产地是（　）。

A. 太平洋沿岸　　B. 地中海沿岸

C. 大西洋沿岸　　D. 非洲南部

二、简答题

经常食用橄榄油有哪些益处？

三、计算题

本任务沙拉所配油醋汁的油醋比是2∶1，如果按照3∶1的油醋比来配制油醋汁，50克醋需用多少克橄榄油？

模块三 家禽篇

任务一 制作香煎鸡扒配菠萝QQ汁

情境导入

微课7 香煎鸡扒配菠萝QQ汁

小李今天是酒店西厨房的值班厨师，餐厅来了一位客人，单点了一份香煎鸡扒配菠萝QQ汁。小李按照西厨房香煎鸡扒配菠萝QQ汁的制作标准，完美地完成了工作任务，提升了自己的职业技能。

任务目标与要求

制作香煎鸡扒配菠萝QQ汁的任务目标与要求见表3–1–1所列。

表3-1-1 制作香煎鸡扒配菠萝QQ汁的任务目标与要求

工作任务	在师傅的指导下独立制作一份符合企业出品标准的香煎鸡扒配菠萝QQ汁
任务目标	1. 熟知香煎鸡扒配菠萝QQ汁的原料 2. 掌握香煎鸡扒配菠萝QQ汁的工艺流程
任务要求	1. 熟悉香煎鸡扒配菠萝QQ汁原料的特性 2. 掌握香煎鸡扒配菠萝QQ汁的制作步骤 3. 明确产品企业标准 4. 个人独立完成任务 5. 操作过程符合职业素养要求和安全操作规范 6. 产品达到企业标准，符合食品卫生要求

知识准备

“煎”是一种烹调方法，即锅里放少量油，加热后，把食材放入锅中煎至表面变黄。操作时需要翻面，交替煎制使食材受热均匀，火候通常为中小火。由于煎制时食用油的温度比水煮的温度要高，用时往往较短，制作的食物甘香可口。

任务实施

一、原料准备

A：鸡腿排1个、迷迭香10克、大蒜20克、洋葱1个、柠檬1个、黑胡椒碎5克、生粉5克、精盐5克、色拉油150克、李派林喼汁5克、白葡萄酒50克、芦笋5根。

B：去皮菠萝1个、薄荷叶2克、黄油100克。

原料准备如图3-1-1所示。

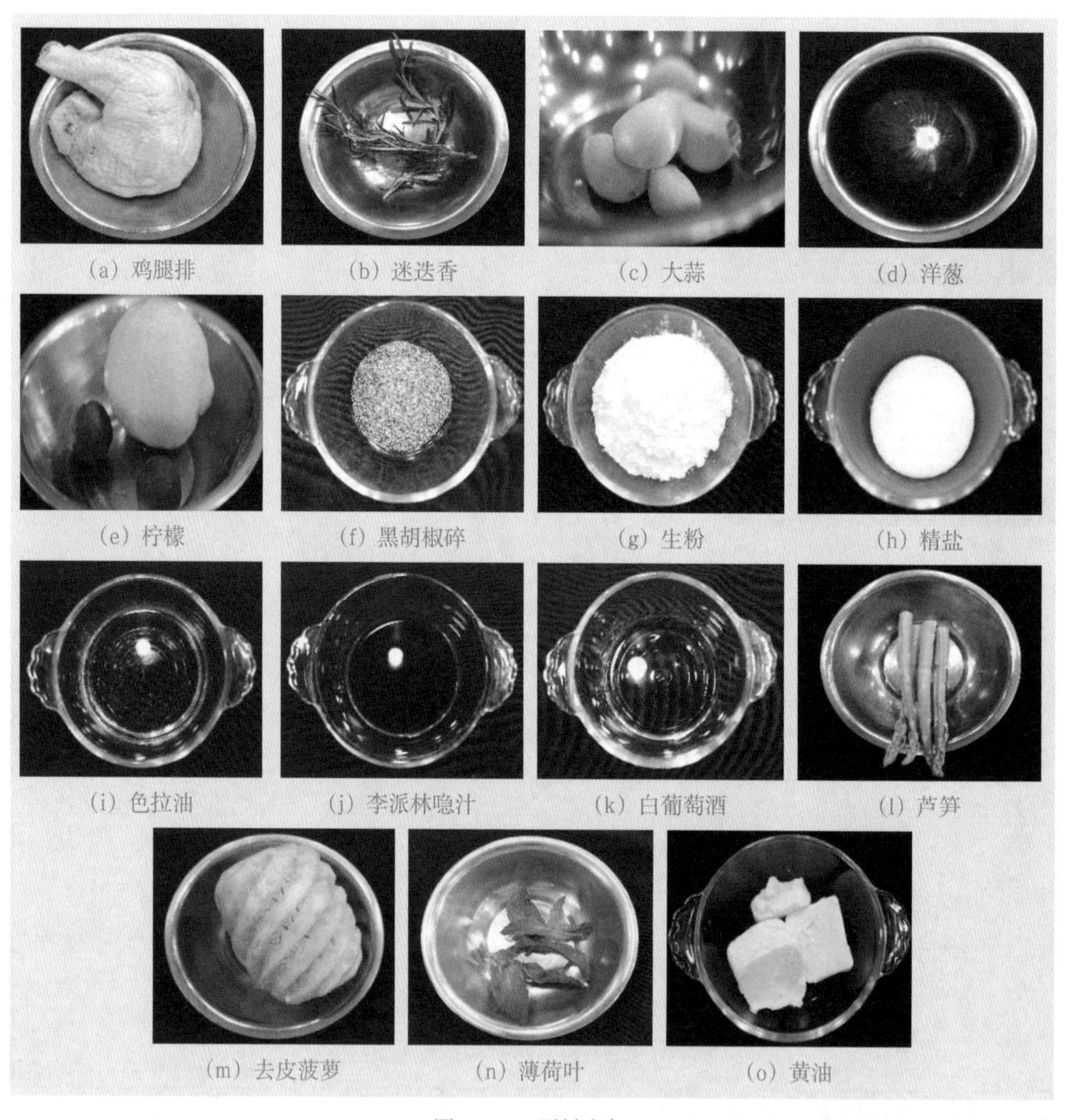

(a) 鸡腿排　(b) 迷迭香　(c) 大蒜　(d) 洋葱

(e) 柠檬　(f) 黑胡椒碎　(g) 生粉　(h) 精盐

(i) 色拉油　(j) 李派林喼汁　(k) 白葡萄酒　(l) 芦笋

(m) 去皮菠萝　(n) 薄荷叶　(o) 黄油

图3-1-1　原料准备

二、制作过程

1. 工具准备

料理机、打蛋器、西式主刀、砧板、酱汁锅、锅铲、平底锅、削皮刀、滤网、汤勺、不锈钢食品夹、镊子、圆碟。

2. 工艺流程

粗加工→腌制→酱汁制作→煎烤→装盘。

3. 制作步骤

1）将鸡腿排去骨改刀，如图3–1–2所示。

图3–1–2 鸡腿排去骨改刀

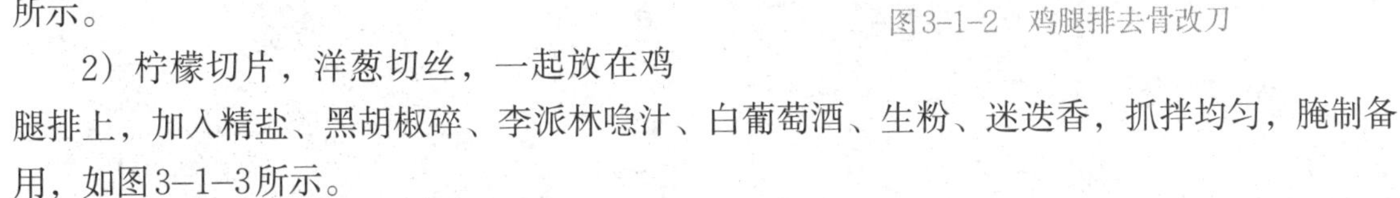

2）柠檬切片，洋葱切丝，一起放在鸡腿排上，加入精盐、黑胡椒碎、李派林喼汁、白葡萄酒、生粉、迷迭香，抓拌均匀，腌制备用，如图3–1–3所示。

3）芦笋切掉根部，去皮备用，如图3–1–4所示。

4）去皮菠萝切去硬心后切片，用料理机打碎，如图3–1–5所示。

5）将菠萝泥倒入酱汁锅中加热烧开，加入少量迷迭香、薄荷叶，如图3–1–6所示。

6）将熬煮的菠萝汁过滤残渣，加入大量黄油搅拌至乳化浓稠，用精盐调味，如图3–1–7所示。将蒸好的酱汁倒入小盆中，晾凉后装入酱汁瓶中备用，如图3–1–8所示。

图3–1–3 腌制

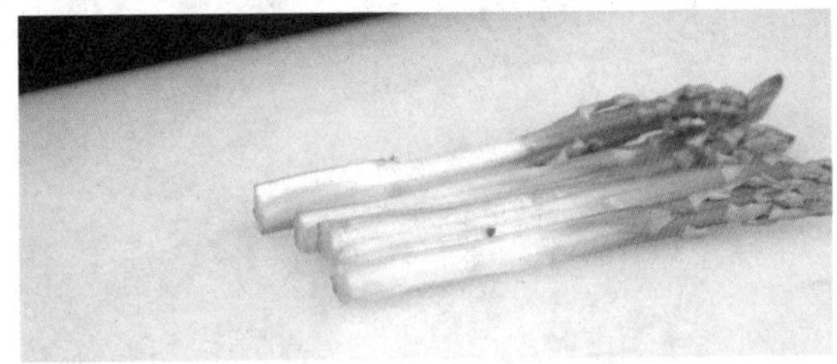

图3–1–4 芦笋切掉根部，去皮备用

图3–1–5 制作菠萝泥

图3–1–6 菠萝泥加热烧开后加入少量迷迭香、薄荷叶

图3–1–7 菠萝汁中加入黄油搅拌至乳化浓稠

图3–1–8 倒入小盆中晾凉

7）平底锅烧热加入色拉油，放入腌制好的鸡扒，煎至两面焦黄，如图3-1-9所示。

8）加入迷迭香、蒜粒、黄油爆香，用勺子淋油增香，取出醒肉，如图3-1-10所示。

9）使用煎鸡扒的锅，将芦笋煎至断生，加精盐调味，如图3-1-11所示。

10）碟中芦笋垫底，码上鸡扒，摆上装饰物即可，如图3-1-12所示。

11）碟边用菠萝QQ汁画盘，如图3-1-13所示。香煎鸡扒配菠萝QQ汁成品如图3-1-14所示。

图3-1-9　鸡扒煎至两面焦黄

图3-1-10　用勺子淋油增香

图3-1-11　将芦笋煎至断生后加精盐调味

图3-1-12　装盘

图3-1-13　画盘

图3-1-14　香煎鸡扒配菠萝QQ汁

4. 成品标准

1）鸡扒颜色焦黄，口味咸淡适宜。

2）菠萝QQ汁果香浓郁，带有淡淡的迷迭香和薄荷香味。

拓展任务

自己查找资料，制作香煎三文鱼配香橙奶油汁，其主料、烹饪方法和口味特点见表3-1-2所列。

表3-1-2 香煎三文鱼配香橙奶油汁的主料、烹饪方法和口味特点

主料：三文鱼、香橙汁、奶油、黄油
烹饪方法：煎
口味特点：三文鱼鲜嫩多汁，酱汁奶香浓郁

任务评价

任务完成后，根据制作的情况，学生进行自评、互评，教师给以评分，并填入表3-1-3。

表3-1-3 制作香煎鸡扒配菠萝QQ汁任务评价表

班级： 姓名：

评价内容	评价要求	评分分值	学生自评	学生互评	教师评分
制作准备（20分）	职业着装规范（衣服、围裙、帽子干净整洁）	5			
	原料、工具准备齐全	5			
	操作前个人卫生符合企业标准（课前洗手）	10			
制作过程（40分）	西式主刀：使用熟练（鸡扒去骨，保证鸡扒表皮的完整性，减少原料的损耗）	5			
	腌制：用料熟练（腌制口味咸淡适宜，腌制时间把握准确）	5			
	酱汁制作：投料用量、时间把握准确（薄荷叶、迷迭香投放的时间过早，用量过多，会导致菠萝汁颜色发暗，香草味道过浓）	10			
	煎烤：火候掌握熟练（鸡扒煎至两面颜色焦黄，外脆里嫩）	10			
	装盘：符合制作标准（鸡扒配菜火候适宜，酱汁颜色鲜亮、果香浓郁，装盘美观大气）	10			
卫生（20分）	操作工具干净整洁，无异物	10			
	操作工位干净整洁，无异物	5			
	成品器皿干净整洁，无异物	5			
成品质量（20分）	成品鸡扒颜色呈焦黄色，颜色鲜亮、果香浓郁	10			
	口感咸香，带有浓郁菠萝果香	10			
评分		100			

巩固提升

一、选择题

1. 酱汁浓稠是利用黄油的（　）作用来增加酱汁浓度的。

A. 分离　　B. 乳化　　C. 合并　　D. 调味

2. 香煎鸡扒选用鸡的（　）部位最佳。

A. 鸡根翅　　B. 鸡胸　　C. 鸡全腿　　D. 鸡小腿

二、简答题

如何控制鸡扒的成熟度？

三、计算题

已知制作一份香煎鸡扒配菠萝QQ汁需要鸡腿肉250克、迷迭香10克、蒜20克、洋葱100克、黑胡椒碎5克。现餐厅每天销售香煎鸡扒配菠萝QQ汁20份。餐厅每天至少应该购进鸡腿肉多少千克？迷迭香多少克？大蒜多少克？洋葱多少克？黑胡椒碎多少克？

任务二　制作烟熏鸭胸配橙味黑醋汁

情境导入

今天是周末，西餐厅来了两位外国客人，其中一位客人点了一道烟熏鸭胸配橙味黑醋汁，小李刚从学校毕业到酒店西厨房工作7天，师傅将指导小李完成这道烟熏鸭胸配橙味黑醋汁的制作。为了完成师傅交代的任务，尽快提升自己的职业技能，小李虚心请教师傅，为完成任务做好了准备。

微课8　烟熏鸭胸配橙味黑醋汁

任务目标与要求

制作烟熏鸭胸配橙味黑醋汁的任务目标与要求见表3-2-1所列。

表3-2-1　制作烟熏鸭胸配橙味黑醋汁的任务目标与要求

工作任务	在师傅的指导下独立制作一份符合企业出品标准的烟熏鸭胸配橙味黑醋汁
任务目标	1. 熟知烟熏鸭胸配橙味黑醋汁的原料 2. 掌握烟熏鸭胸配橙味黑醋汁的工艺流程
任务要求	1. 熟悉烟熏鸭胸配橙味黑醋汁原料的特性 2. 掌握烟熏鸭胸配橙味黑醋汁的制作步骤 3. 明确产品企业标准 4. 个人独立完成任务 5. 操作过程符合职业素养要求和安全操作规范 6. 产品达到企业标准，符合食品卫生要求

知识准备

1. 煎

在烟熏鸭胸配橙味黑醋汁制作中，由于鸭胸食材的特殊性，使用冷锅下鸭胸开火升温慢煎。

2. 烟熏

烟熏是将熏料置于锅内或盆中，利用其不充分燃烧时所产生的热烟，把原料制熟的一种烹饪方式，成品具有特殊的烟香，而且味道鲜醇，色泽艳丽，风味独特，深受食客的喜爱。

任务实施

一、原料准备

A：法式熏鸭胸1块、黑胡椒碎5克、精盐5克。

B：香橙2个、白砂糖150克、黑醋汁50克、红葡萄酒50克、鸭高汤150克、色拉油

50克。

C：百里香10克、大蒜5克、黄油200克。

原料准备如图3-2-1所示。

(a) 法式熏鸭胸　(b) 黑胡椒碎　(c) 精盐　(d) 香橙　(e) 白砂糖　(f) 黑醋汁　(g) 红葡萄酒　(h) 鸭高汤　(i) 色拉油　(j) 百里香　(k) 大蒜　(l) 黄油

图3-2-1　原料准备

二、制作过程

1. 工具准备

西式主刀、平底锅、砧板、酱汁锅、锅铲、不锈钢食品夹、汤勺、镊子。

2. 工艺流程

粗加工→酱汁制作→煎烤→装盘。

3. 制作步骤

1）鸭胸去除多余的筋膜、脂肪，表皮打上十字花刀，如图3–2–2所示。

2）香橙取皮，去净白色的中果皮，切成细丝备用，如图3–2–3所示。

3）酱汁锅烧热，加入色拉油、白砂糖，不断搅拌，直至白砂糖熔化变褐色，如图3–2–4所示。

4）加入红葡萄酒挥发酒精，加入黑醋汁、鸭高汤搅匀，挤入橙汁、加入橙皮丝熬煮，如图3–2–5所示。

图3–2–2　处理鸭胸

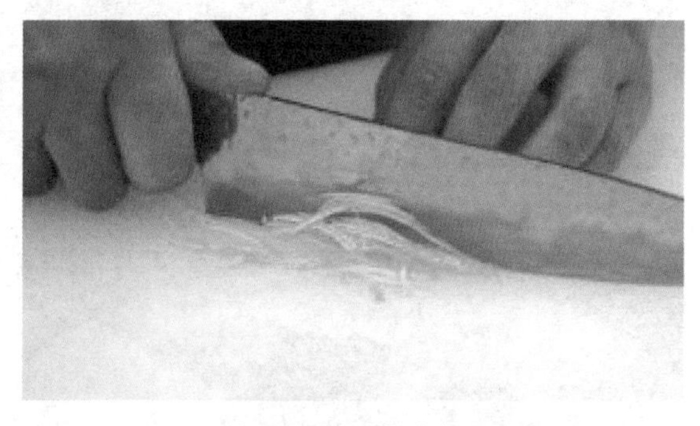

图3–2–3　香橙皮切丝

图3–2–4　熬糖色

图3–2–5　煮汤汁

5）收汁后加入大量黄油使酱汁浓稠，盛出备用，如图3–2–6所示。

6）平底锅中放入少许色拉油，皮朝下放入鸭胸，中小火煎至表面金黄酥脆，如图3–2–7所示。

7）将百里香10克、大蒜5克、黄油50克加入锅中淋油，煎至合适成熟度取出醒肉备用，如图3–2–8所示。

8）去皮香橙角加入白糖，两面煎上色即可，如图3–2–9所示。

9）酱汁打底，码上鸭胸、香橙角，摆上装饰物即可，如图3–2–10所示。

10）烟熏鸭胸配橙味黑醋汁成品如图3–2–11所示。

图3-2-6　加入黄油

图3-2-7　煎制鸭胸

图3-2-8　将鸭胸煎至合适成熟度取出醒肉备用

图3-2-9　去皮香橙角加入白糖两面煎上色

图3-2-10　装盘

图3-2-11　烟熏鸭胸配橙味黑醋汁

4. 成品标准

1）鸭胸颜色焦黄，口味咸淡适宜，带有独特的果木熏香。

2）橙味黑醋汁口感酸甜适宜，带有浓郁香橙果味。

拓展任务

自己查找资料，制作烟熏果木牛排配黑椒汁，其主料、烹饪方法和口味特点见表3–2–2所列。

表3-2-2　烟熏果木牛排配黑椒汁的主料、烹饪方法和口味特点

主料：菲力牛排、黑胡椒碎、红葡萄酒、黄油
烹饪方法：煎、烤
口味特点：牛排汁水饱满，充满果木熏香

任务评价

任务完成后，根据制作的情况，学生进行自评、互评，教师给以评分，并填入表3-2-3。

表3-2-3 制作烟熏鸭胸配橙味黑醋汁任务评价表

班级： 姓名：

评价内容	评价要求	评分分值	学生自评	学生互评	教师评分
制作准备（20分）	职业着装规范（衣服、围裙、帽子干净整洁）	5			
	原料、工具准备齐全	5			
	操作前个人卫生符合企业标准（课前洗手）	10			
制作过程（40分）	西式主刀：使用熟练（鸭胸去除多余脂肪筋膜，表皮打十字花刀）	5			
	腌制：用料熟练（腌制口味咸淡适宜，腌制时间把握准确）	5			
	熏制：把握熏制的火候及时间（防止烟熏味过重，影响鸭胸本身的味道）	5			
	酱汁制作：投料用量、时间把握准确（焦糖熬制注意火候防止出现焦苦味，黑醋与橙汁比例适宜）	5			
	煎烤：火候掌握熟练（鸭胸煎至两面颜色焦黄，外脆里嫩）	10			
	装盘：符合制作标准（鸭胸成熟度适宜，酱汁果香浓郁，酸甜可口，装盘美观大气）	10			
卫生（20分）	操作工具干净整洁，无异物	10			
	操作工位干净整洁，无异物	5			
	成品器皿干净整洁，无异物	5			
成品质量（20分）	成品鸭胸颜色呈焦黄色，果木熏香突出	10			
	酱汁酸甜适口，带有浓郁橙香	10			
评分		100			

巩固提升

一、选择题

1. 烟熏鸭胸的木屑选用（ ）最好。

A. 秸秆　　B. 榕树　　C. 苹果树　　D. 桉树

2. 煎鸭胸是哪个国家的经典菜（　）。

A. 英国　　B. 法国　　C. 意大利　　D. 德国

二、简答题

鸭胸为什么要放入冷锅中煎制？

三、计算题

某餐厅购入10千克鸭胸，经过加工处理后，得到净鸭胸9.2千克，鸭胸的净料率是多少？

模块四　牛 肉 篇

任务一　制作黑椒西冷牛扒配烤土豆及时蔬

情境导入

小李到酒店西厨房工作的时间已经不短了，在师傅的指导下，小李已经能完成西厨房大部分的工作。今天餐厅里来了一位客人，点了一份黑椒西冷牛扒配烤土豆及时蔬，师傅将制作任务交给了小李，小李通过平时的工作学习积累，很好地完成了菜品的制作任务。

微课9　黑椒西冷牛扒配烤土豆及时蔬

任务目标与要求

制作黑椒西冷牛扒配烤土豆及时蔬的任务目标与要求见表4-1-1所列。

表4-1-1　制作黑椒西冷牛扒配烤土豆及时蔬的任务目标与要求

工作任务	在师傅的指导下独立制作一份符合企业出品标准的黑椒西冷牛扒配烤土豆及时蔬
任务目标	1. 熟知黑椒西冷牛扒配烤土豆及时蔬的原料 2. 掌握黑椒西冷牛扒配烤土豆及时蔬的工艺流程
任务要求	1. 熟悉黑椒西冷牛扒配烤土豆及时蔬原料的特性 2. 掌握黑椒西冷牛扒配烤土豆及时蔬的制作步骤 3. 明确产品企业标准 4. 个人独立完成任务 5. 操作过程符合职业素养要求和安全操作规范 6. 产品达到企业标准，符合食品卫生要求

知识准备

1. 煎

在制作黑椒西冷牛扒配烤土豆及时蔬时，牛排不需要反复翻面，煎好一面翻另一面，火候使用中火。

2. 烤

烤是一种烹饪方法，是指将加工处理好或腌渍入味的原料置于烤具内部，用明火、暗火等产生的热辐射加热的技法总称。原料经烘烤后，表层水分散发，使原料产生松脆的表面和焦香的滋味。

（1）烤的温度范围为140~240℃。

（2）烤制不易成熟的原料时要先用较高的炉温，当原料表面结壳后，再降低炉温。

（3）烤制易成熟的原料时，可一直用较高的炉温。

（4）如原料已上色，应盖上锡纸再烤。

任务实施

一、原料准备

A：西冷牛排200克、西兰花50克、土豆1个、胡萝卜1根、圣女果3个、色拉油100克、精盐20克

B：百里香10克、黑胡椒碎50克、白兰地酒50克、香叶3片、布朗少司100克、黄油50克、淡奶油100克、鸡精10克、洋葱1个、干葱2个、大蒜20克

原料准备如图4-1-1所示。

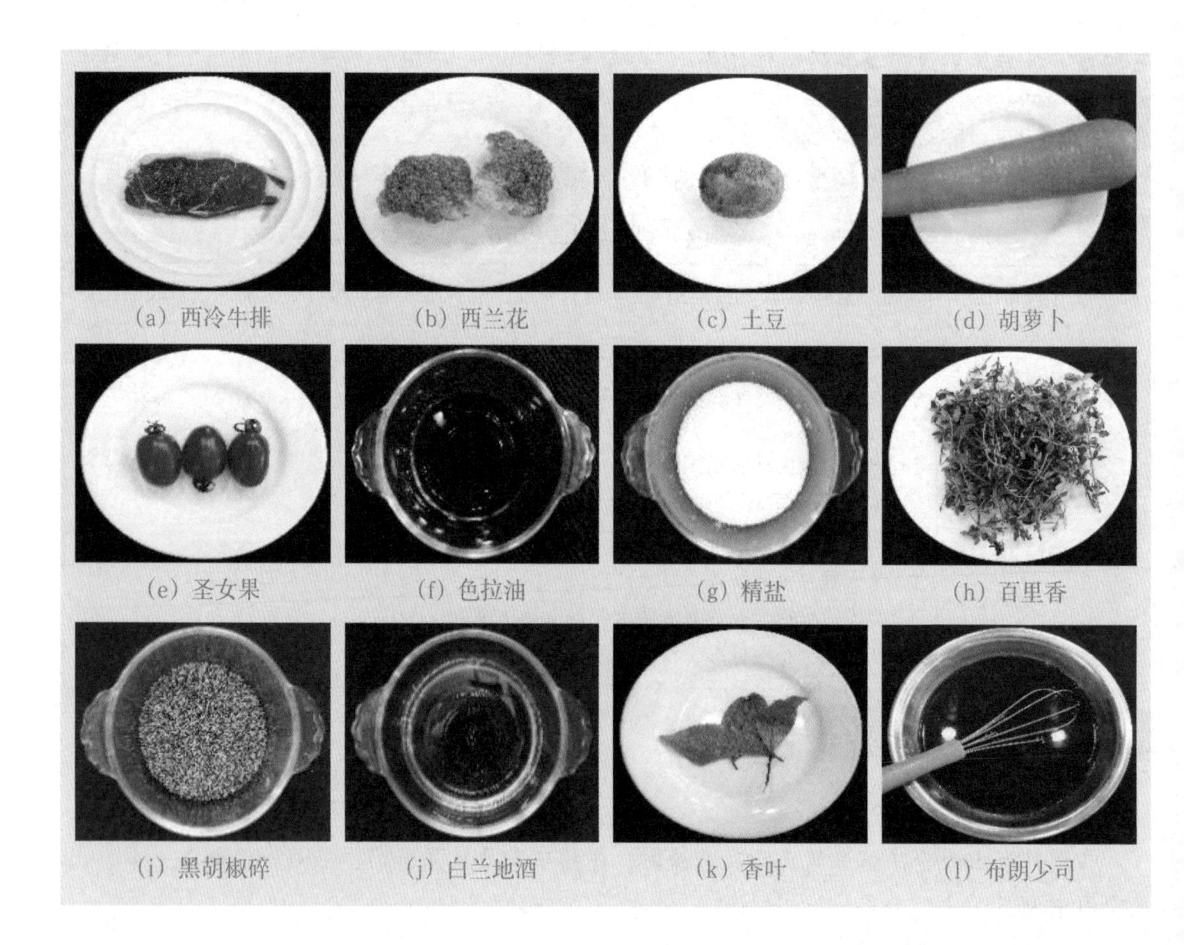

（a）西冷牛排　（b）西兰花　（c）土豆　（d）胡萝卜

（e）圣女果　（f）色拉油　（g）精盐　（h）百里香

（i）黑胡椒碎　（j）白兰地酒　（k）香叶　（l）布朗少司

(m) 黄油　(n) 淡奶油　(o) 鸡精
(p) 洋葱　(q) 干葱　(r) 大蒜

图4-1-1 原料准备

二、制作过程

1. 工具准备

肉针、料理机、西式主刀、小型菜刀、砧板、烤箱、少司锅、平底锅、锅铲、锡纸、勺子。

2. 工艺流程

粗加工→腌制→酱汁制作→烤制→煎制→装盘。

3. 制作步骤

1）切开牛扒上的筋膜，用肉针戳使其肉质纤维松动，如图4–1–2所示。

2）牛扒表面撒黑胡椒碎、精盐，按摩入味，淋少许色拉油腌制备用，如图4–1–3所示。

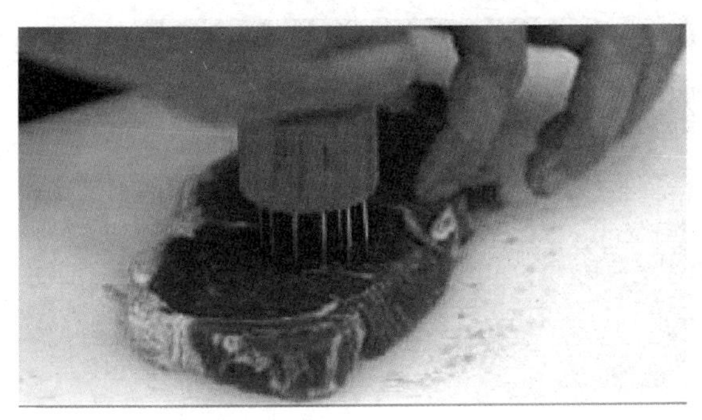

图4–1–2 用肉针戳牛扒

图4–1–3 腌制牛扒

3）西兰花切小朵，胡萝卜加工成橄形，如图4–1–4所示。

4）土豆对半切开加入精盐、黄油，用锡纸将其包裹，如图4–1–5所示。

5）烤箱提前预热200℃，将锡纸包裹的土豆放入，烤制20分钟至成熟备用，如图4–1–6所示。

6）将洋葱、大蒜、干葱切碎，如图4–1–7所示。

7）用平底锅将黑胡椒碎小火炒香，盛出备用，如图4–1–8所示。

8）热锅加入黄油，放入洋葱碎、干葱碎、蒜末，小火炒至焦黄，如图4–1–9所示。

9）依次加入黑胡椒碎、布朗少司、香叶翻炒均匀，加入适量清水、白兰地，小火熬煮15分钟，如图4–1–10所示。

10）熬煮完成后，捞出香叶，倒入料理机绞碎后倒回锅中，加入淡奶油、精盐、鸡精、黄油调味，搅拌均匀，倒出备用，如图4–1–11所示。

（a）西兰花切小朵

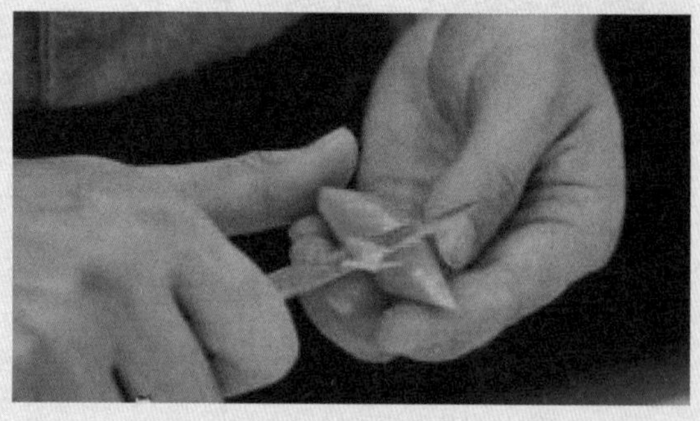

（b）胡萝卜加工成橄形

图4–1–4　处理西兰花和胡萝卜

图4–1–5　处理土豆

图4–1–6　烤制土豆

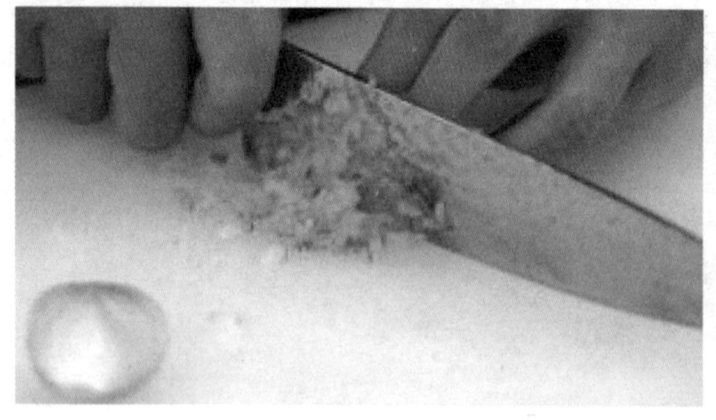

图4–1–7　将洋葱、大蒜、干葱切碎

图4–1–8　黑胡椒碎炒香

11）平底锅烧热，加色拉油，下入腌制好的牛扒煎制，大火单面煎制1.5分钟。翻面后加入黄油、百里香，淋油增香。过程中加入适量的白兰地酒，可使牛扒香味更加浓郁。牛扒煎至七成熟，取出醒肉，如图4–1–12所示。

12）锅中加水烧沸，加少许精盐，下入胡萝卜、西兰花，焯烫后过凉，如图4–1–13所示。

图4–1–9　将洋葱碎、干葱碎、蒜末小火炒至焦黄

图4–1–10　熬煮汤汁

（a）料理机绞碎

（b）倒出备用

图4–1–11　绞碎调味

图4–1–12　煎制牛扒

图4–1–13　蔬菜焯烫过凉

13）热锅加入黄油、蒜末，将西兰花、胡萝卜、圣女果略炒，加少许精盐调味，盛出备用，如图4–1–14所示。

14）将烤制成熟的土豆带锡纸切十字刀，露出烤熟的土豆，在切面上淋少许淡奶油，如图4–1–15所示。

15）将牛扒、时蔬、烤土豆摆盘，淋上黑胡椒汁装饰，如图4–1–16所示。黑椒西冷牛扒配烤土豆及时蔬成品如图4–1–17所示。

图4-1-14 炒制西兰花、胡萝卜、圣女果

图4-1-15 土豆带锡纸切十字刀，淋少许淡奶油

图4-1-16 摆盘装饰

图4-1-17 黑椒西冷牛扒配烤土豆及时蔬

4. 成品标准

1）牛扒外焦里嫩，成熟度把握准确。

2）黑胡椒汁浓稠适宜，鲜辣咸香。

拓展任务

自己查资料，制作水波蛋煎包，其主料、烹饪方法和口味特点见表4-1-2所列。

表4-1-2 水波蛋煎包的主料、烹饪方法和口味特点

主料：伊比利猪排、红酒汁、黄油
烹饪方法：煎
口味特点：猪排鲜嫩多汁，酱汁酒香浓郁

任务评价

任务完成后，根据制作的情况，学生进行自评、互评，教师给以评分，并填入表4-1-3。

表4-1-3 制作黑椒西冷牛扒配烤土豆及时蔬任务评价表

班级： 姓名：

评价内容	评价要求	评分分值	学生自评	学生互评	教师评分
制作准备（20分）	职业着装规范（衣服、围裙、帽子干净整洁）	5			
	原料、工具准备齐全	5			
	操作前个人卫生符合企业标准（课前洗手）	10			

（续表）

评价内容	评价要求	评分分值	学生自评	学生互评	教师评分
制作过程（40分）	西式主刀：使用熟练（材料切配，符合出品要求）	5			
	腌制：腌制口味咸淡适宜，腌制时间把握准确	5			
	酱汁制作：投料用量、时间把握准确	10			
	煎烤：牛扒煎至两面颜色焦黄，肉排内部成熟度七成	10			
	装盘：牛扒配菜火候适宜，酱汁颜色鲜亮，装盘美观大气	10			
卫生（20分）	操作工具干净整洁，无异物	10			
	操作工位干净整洁，无异物	5			
	成品器皿干净整洁，无异物	5			
成品质量（20分）	牛扒外焦里嫩，成熟度把握准确	10			
	黑胡椒汁浓稠适宜，香辣咸香	10			
评分		100			

巩固提升

一、选择题

1. 牛扒正常出品成熟度是（　）。

A. 三成　　B. 五成　　C. 七成　　D. 全熟

2. 黑胡椒汁与（　）搭配最适宜。

A. 三文鱼、龙虾　　B. 牛扒、猪排

C. 蔬菜、沙拉　　D. 奶酪、甜点

二、简答题

薯条油炸前为什么需要冲清水？

三、计算题

某餐厅一份西冷牛扒的原料成本是78元，如该菜肴的销售价格是158元，该菜肴的成本毛利率和销售毛利率各是多少？

任务二 制作百里香牛仔排配薯饼及时蔬

情境导入

今天西餐厅有宴会预订，小李所在的西厨房有不少菜品制作任务，师傅将百里香牛仔排配薯饼及时蔬的制作任务交给了小李负责。为了完成师傅交代的任务，尽快提升自己的职业技能，小李虚心请教，为完成任务做好了准备。

微课10 百里香牛仔排配薯饼及时蔬

任务目标与要求

制作百里香牛仔排配薯饼及时蔬的任务目标与要求见表4–2–1。

表4-2-1 制作百里香牛仔排配薯饼及时蔬的任务目标与要求

工作任务	在师傅的指导下独立制作一份符合企业出品标准的百里香牛仔排配薯饼及时蔬
任务目标	1. 熟知百里香牛仔排配薯饼及时蔬的原料 2. 掌握百里香牛仔排配薯饼及时蔬的工艺流程
任务要求	1. 熟悉百里香牛仔排配薯饼及时蔬原料的特性 2. 掌握百里香牛仔排配薯饼及时蔬的制作步骤 3. 明确产品企业标准 4. 个人独立完成任务 5. 操作过程符合职业素养要求和安全操作规范 6. 产品达到企业标准，符合食品卫生要求

知识准备

1. 煎

在制作百里香牛仔排配薯饼及时蔬时，牛排不需要反复翻面，煎好一面煎另一面，火候使用中火。

2. 油炸

将食物放入食用油中加热（油的液面没过食物）的过程就叫作油炸。

油炸是食品熟制和干制的一种加工方法，即将食品置于较高温度的油脂中，使其加热快速熟化的过程。油炸可以杀灭食品中的微生物，延长食品的食用期，同时可以改善食品风味，提高食品的营养价值，赋予食品特有的金黄色泽。

任务实施

一、原料准备

A：牛仔排200克、精盐5克、黑胡椒碎5克、荷兰芹碎5克、大蒜5克、黄油50克。

B：土豆1个、玉米淀粉100克、白胡椒粉3克、色拉油1000克、番茄少司50克。

C：西兰花50克、手指萝卜2根。

原料准备如图4-2-1所示。

(a) 牛仔排　(b) 精盐　(c) 黑胡椒碎　(d) 荷兰芹碎

(e) 大蒜　(f) 黄油　(g) 土豆

(h) 玉米淀粉　(i) 白胡椒粉　(j) 色拉油

(k) 番茄少司　(l) 西兰花　(m) 手指萝卜

图4-2-1　原料准备

二、制作过程

1. 工具准备

西式主刀、平底锅、厨房纸、削皮刀、砧板、木铲、酱汁锅、勺子、不锈钢食品夹。

2. 工艺流程

粗加工→腌制→煎制油炸→装盘。

3. 制作步骤

1）牛仔排用厨房纸巾吸干表面水分，断开筋膜，撒精盐、黑胡椒碎，按摩入味，淋少许色拉油进行腌制，如图4–2–2所示。

2）土豆去皮，洗净后切成细丁，用水冲洗沥干备用，如图4–2–3所示。

3）西兰花切小朵，手指萝卜去皮备用，如图4–2–4所示。

4）平底锅烧热，加色拉油，下入土豆丁炒熟炒软，取出倒入碗中，如图4–2–5所示。

5）炒熟的土豆丁加入玉米淀粉、白胡椒粉、精盐调味拌匀，用手团成饼状，如图4–2–6所示。

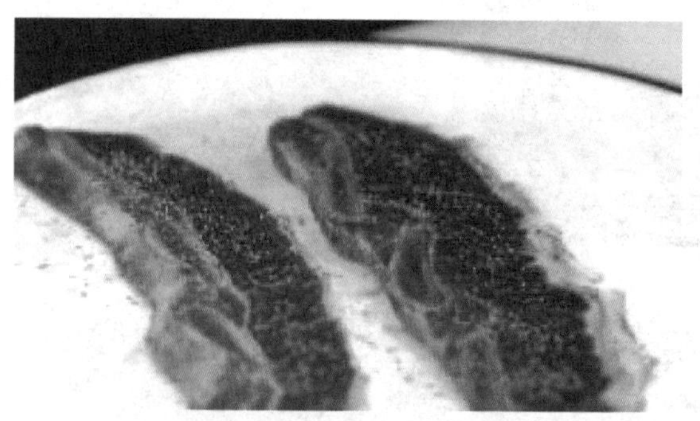

图4-2-2　腌制牛仔排

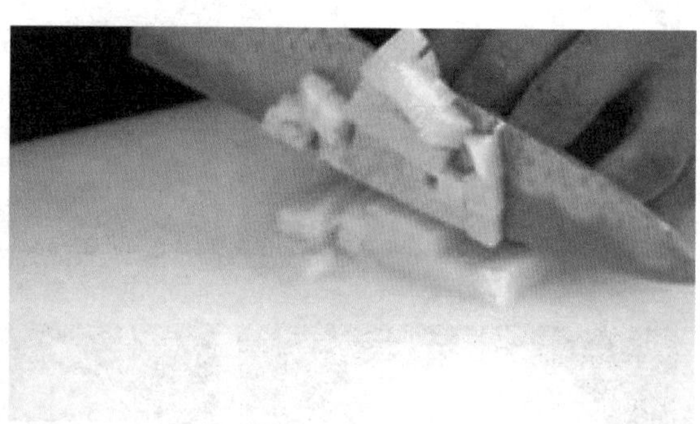

图4-2-3　土豆切丁，冲水备用

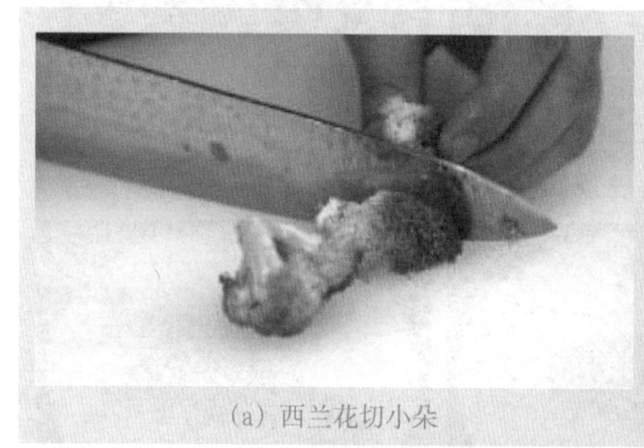

（a）西兰花切小朵

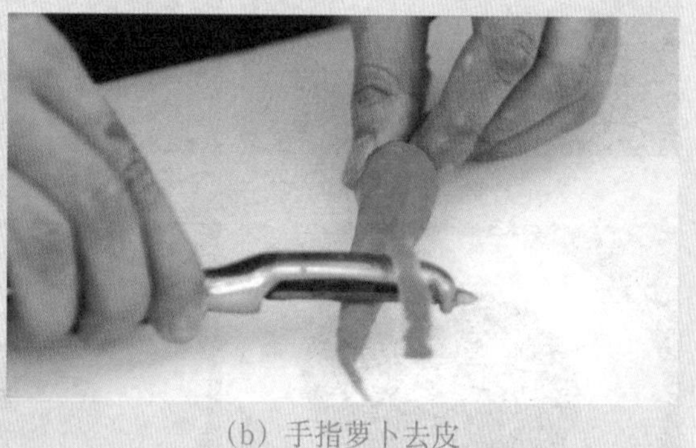

（b）手指萝卜去皮

图4-2-4　西兰花切小朵，手指萝卜去皮备用

图4-2-5　土豆丁炒熟炒软

图4-2-6　制作土豆饼

6）锅中加入大量色拉油，加热至150℃，将土豆饼炸至金黄，捞出放在吸油纸上备用，如图4–2–7所示。

7）平底锅烧热，加入少量色拉油，放入牛仔排，中高火煎制，如图4–2–8所示。

8）加入百里香、大蒜煎出香味，见牛仔排变色翻面继续煎制，加入黄油，煎制时不断用小勺淋油增香，煎至七成熟时取出醒肉备用，如图4–2–9所示。

9）蔬菜焯水捞出，冲冷水降温，如图4–2–10所示。

10）锅中加入黄油，下入蒜末炒香，将蔬菜放入翻炒，加精盐、黑胡椒碎调味后盛出，如图4–2–11所示。

11）将牛仔排切段装盘，码上土豆饼和时蔬，将番茄少司淋在土豆饼上装饰即可，如图4–2–12所示。

12）百里香牛仔排配薯饼及时蔬成品，如图4–2–13所示。

图4–2–7 炸制土豆饼

图4–2–8 中高火煎制牛仔排

图4–2–9 调味，淋油增香，煎至七成熟时取出醒肉备用

图4–2–10 蔬菜焯水捞出过凉

图4–2–11 炒制蔬菜

图4–2–12 装盘

图4-2-13　百里香牛仔排配薯饼及时蔬

4. 成品标准

1）牛仔排咸香肉嫩，成熟度把握准确。

2）土豆饼外酥里嫩。

拓展任务

自己查资料，制作香草战斧牛排佐鹅肝慕斯，其主料、烹饪方法和口味特点见表4-2-2所列。

表4-2-2　香草战斧牛排佐鹅肝慕斯的主料、烹饪方法和口味特点

主料：带骨牛肋排、鹅肝、黄油、奶油
烹饪方法：煎
口味特点：战斧牛排鲜嫩多汁，香草味浓；鹅肝慕斯奶香浓郁，咸香可口

任务评价

任务完成后，根据制作的情况，学生进行自评、互评，教师给以评分，并填入表4-2-3。

表4-2-3　百里香牛仔排配薯饼及时蔬任务评价表

班级：　　　　　　　　姓名：

评价内容	评价要求	评分分值	学生自评	学生互评	教师评分
制作准备（20分）	职业着装规范（衣服、围裙、帽子干净整洁）	5			
	原料、工具准备齐全	5			
	操作前个人卫生符合企业标准（课前洗手）	10			
制作过程（40分）	西式主刀：使用熟练（材料切配，符合出品要求）	5			
	腌制：腌制口味咸淡适宜，腌制时间把握准确	5			
	油炸制作：油温把握准确	10			
	煎烤：牛排煎至两面颜色焦黄，肉排内部成熟度七成	10			
	装盘：牛扒配菜火候适宜，装盘美观大气	10			

（续表）

评价内容	评价要求	评分分值	学生自评	学生互评	教师评分
卫生（20分）	操作工具干净整洁，无异物	10			
	操作工位干净整洁，无异物	5			
	成品器皿干净整洁，无异物	5			
成品质量（20分）	牛排外焦里嫩，成熟度把握准确。	10			
	土豆饼颜色金黄，香脆可口。	10			
评分		100			

巩固提升

一、选择题

1. 牛仔排是牛的（　）。

A. 前胸　　B. 肋排　　C. 肩胛　　D. 后腰脊

3. 炸薯饼时油温应控制在（　）

A. 100℃　　B. 150℃　　C. 200℃　　D. 250℃以上

二、简答题

牛排为什么不能用清水冲洗？

三、计算题

餐厅今天购入15千克土豆用于制作土豆饼，经过削皮处理后得到净土豆10.5千克。

（1）土豆的净料率和损耗率是多少？

（2）如果需要净土豆12千克，则需要购进多少千克土豆？

模块五 猪肉篇

任务一 制作香煎猪扒配双味酱

情境导入

小李在师傅的指导下，掌握了西厨房不少菜品的制作工艺，今天师傅将香煎猪扒配双味酱的制作任务交给了小李。为了完成师傅交代的任务，尽快提升自己的职业技能，小李虚心请教，为完成任务做好了准备。

微课11 香煎猪扒配双味酱

任务目标与要求

制作香煎猪扒配双味酱的任务目标与要求见表5-1-1所列。

表5-1-1 制作香煎猪扒配双味酱的任务目标与要求

工作任务	在师傅的指导下独立制作一份符合企业出品标准的香煎猪扒配双味酱
任务目标	1. 熟知香煎猪扒配双味酱的原料 2. 掌握香煎猪扒配双味酱的工艺流程
任务要求	1. 熟悉香煎猪扒配双味酱原料的特性 2. 掌握香煎猪扒配双味酱的制作步骤 3. 明确产品企业标准 4. 个人独立完成任务 5. 操作过程符合职业素养要求和安全操作规范 6. 产品达到企业标准，符合食品卫生要求

知识准备

熬煮指使用文火慢煮，将食材自身的风味充分释放的烹饪方法。

任务实施

一、原料配方

A：猪排1块、黑胡椒碎10克、精盐5克、橄榄油50克、黄油30克、色拉油100克、大蒜10克、西兰花50克、手指萝卜1根、苦叶生菜1棵。

B：奶油芥末酱：淡奶油150克、黄芥末30克、精盐10克、黑胡椒碎5克。

C：苹果酱：苹果1个、桂皮5克、白葡萄酒250克、白砂糖30克、柠檬1个。

原料准备如图5–1–1所示。

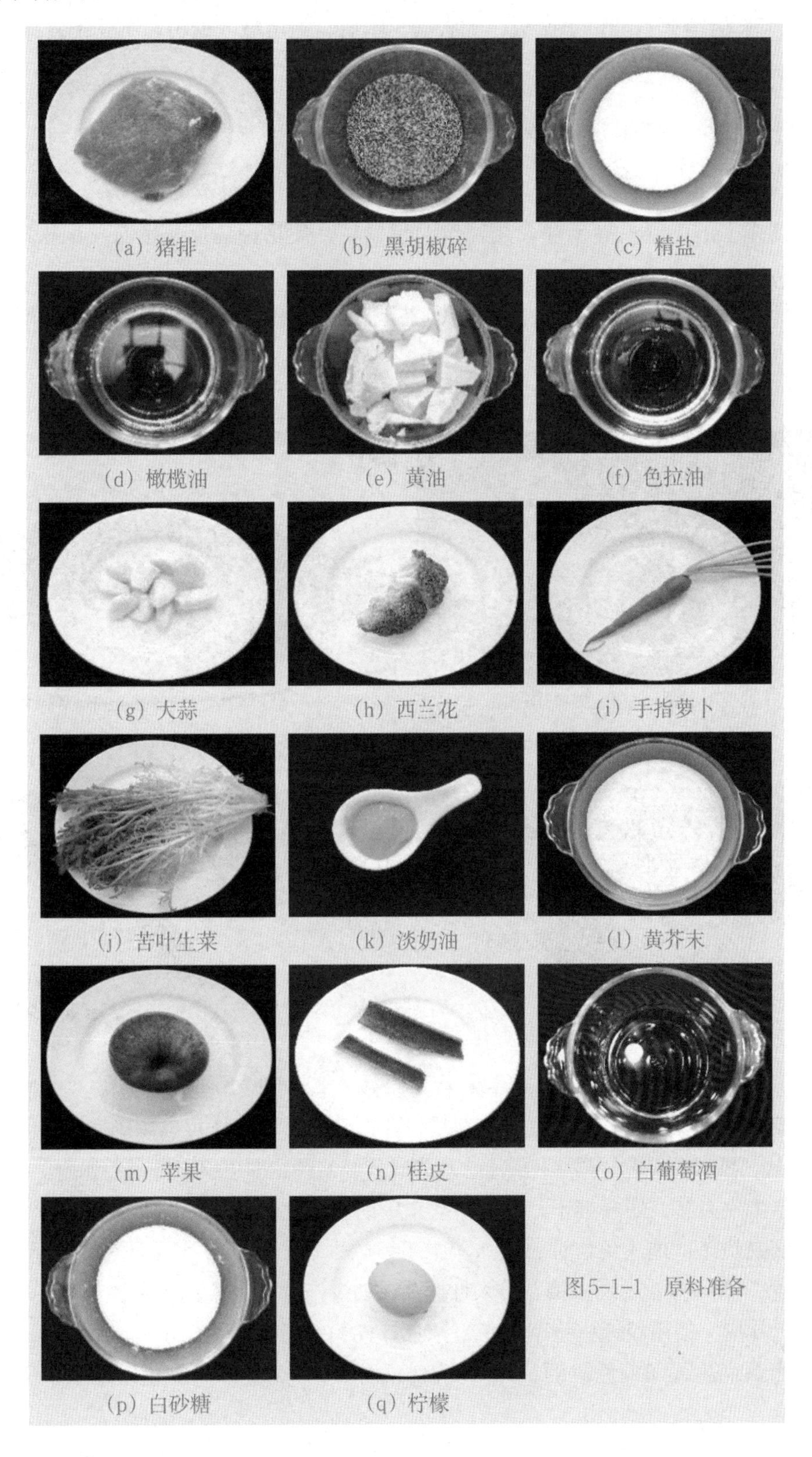

（a）猪排　（b）黑胡椒碎　（c）精盐

（d）橄榄油　（e）黄油　（f）色拉油

（g）大蒜　（h）西兰花　（i）手指萝卜

（j）苦叶生菜　（k）淡奶油　（l）黄芥末

（m）苹果　（n）桂皮　（o）白葡萄酒

（p）白砂糖　（q）柠檬

图5–1–1　原料准备

二、制作过程

1. 工具准备

西式主刀、肉锤、料理机、砧板、平底锅、木勺、厨房纸、铁勺、不锈钢食品夹。

2. 工艺流程

粗加工→腌制→酱汁制作→煎制→装盘。

3. 制作步骤

1）将猪排上的筋膜处理干净，用保鲜膜包裹后，使用肉锤反复捶打，疏松肉质，如图5–1–2所示。

2）用厨房纸巾吸干表面水分，均匀撒上精盐、黑胡椒碎，淋上橄榄油，按摩后腌制15分钟备用，如图5–1–3所示。

3）将西兰花切成小朵，手指萝卜去皮切段备用，如图5–1–4所示。

图5–1–2　用肉锤反复捶打以疏松肉质

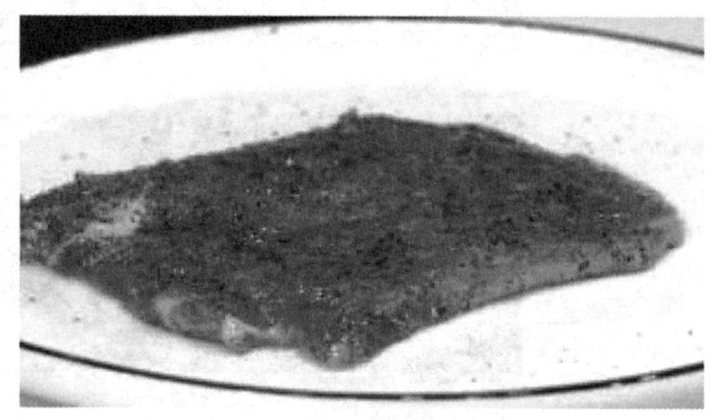

图5–1–3　腌制备用

图5–1–4　处理时蔬

4）将黄芥末、淡奶油放进平底锅中加热烧开，其间要不断搅拌以免煳底，如图5–1–5所示。加入精盐、黑胡椒碎进行调味，转小火熬煮收汁至浓稠状即可盛出备用，如图5–1–6所示。

5）苹果去皮去核，切成细丁，泡入淡盐水中防止氧化变色，如图5–1–7所示。

6）平底锅烧热，加入色拉油，放入苹果丁炒软炒香，如图5–1–8所示。加入白葡萄酒，煮至酒精挥发，放入桂皮、白砂糖，挤入柠檬汁，加少许清水熬煮15分钟，如图5–1–9所示。

7）取出桂皮，使用料理机将苹果丁带汁水打成泥备用，如图5–1–10所示。

8）平底锅烧热，加入色拉油，放入腌制好的猪排，煎至两面上色，如图5–1–11所示。

加入黄油、大蒜，淋油增香，将煎制好的猪排取出醒肉，如图5–1–12所示。

9）时蔬焯水捞出过凉，平底锅烧热加入蒜末、黄油，下入时蔬翻炒，加少许精盐调味，如图5–1–13所示。

10）碟中码上猪排搭配时蔬装饰即完成，香煎猪扒配双味酱成品如图5–1–14所示。

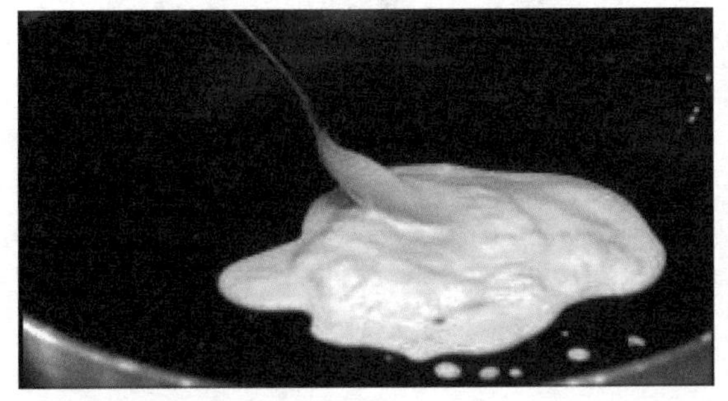

图5–1–5 将黄芥末、淡奶油放进平底锅中加热烧开

图5–1–6 小火熬煮收汁至浓稠状

图5–1–7 苹果切丁泡入淡盐水中

图5–1–8 炒软炒香苹果丁

图5–1–9 熬煮

图5–1–10 用料理机将苹果丁带汁水打成泥

图5–1–11 猪排煎至两面上色

图5–1–12 加入黄油、大蒜，淋油增香

图5-1-13　时蔬翻炒调味

图5-1-14　香煎猪扒配双味酱

4. 成品标准

1）猪排颜色焦黄，肉质鲜嫩多汁，带有独特的黄油奶香。

2）奶油芥末酱奶香浓郁，风味独特；苹果酱酸甜可口，充满水果清香。

拓展任务

自己查找资料，制作碳烤猪颈佐酸菜，其主料、烹饪方法和口味特点见表5-1-2所列。

表5-1-2　碳烤猪颈佐酸菜的主料、烹饪方法和口味特点

主料：猪颈肉、香茅、香叶、酸菜罐头
烹饪方法：煎烤
口味特点：猪颈肉软嫩弹牙，外焦里嫩，焦香浓郁

任务评价

任务完成后，根据制作的情况，学生进行自评、互评，教师给以评分，并填入表5-1-3。

表5-1-3　制作香煎猪扒配双味酱任务评价表

班级：　　　　　　　　姓名：

评价内容	评价要求	评分分值	学生自评	学生互评	教师评分
制作准备（20分）	职业着装规范（衣服、围裙、帽子干净整洁）	5			
	原料、工具准备齐全	5			
	操作前个人卫生符合企业标准（课前洗手）	10			
制作过程（40分）	西式主刀：使用熟练（猪排修整，苹果切丁均匀）	5			
	腌制：用料熟练（腌制口味咸淡适宜，腌制时间把握准确）	5			
	酱汁制作：投料用量、时间把握准确（熬煮奶油芥末酱和苹果酱的火候和时间的长短适宜，避免出现酱汁颜色暗淡）	10			
	煎烤：火候掌握熟练（猪排煎至两面颜色焦黄，外脆里嫩）	10			
	装盘：符合制作标准（猪排成熟度适宜，酱汁奶香浓郁，酸甜可口，装盘美观大气）	10			

（续表）

评价内容	评价要求	评分分值	学生自评	学生互评	教师评分
卫生（20分）	操作工具干净整洁无异物	10			
	操作工位干净整洁无异物	5			
	成品器皿干净整洁无异物	5			
成品质量（20分）	成品猪排颜色呈焦黄色，肉质鲜嫩多汁	10			
	酱汁奶香浓郁，酸甜适口	10			
评分		100			

巩固提升

一、选择题

1. 用肉锤捶打猪排的作用是（　）。

A. 疏松肉质　　B. 修整外形　　C. 展示技法　　D. 没什么用

2. 苹果丁用盐水浸泡的作用是（　）。

A. 去除酸味　　B. 防止氧化　　C. 增加咸味　　D. 清洁表面

二、简答题

如何辨别煎制猪排的成熟度？

三、计算题

某餐厅购入10千克猪排，经过加工处理后，得到净猪排9.2千克。

（1）猪排的净料率是多少？

（2）如需要25千克的净猪排，需要采购多少千克猪排？

任务二　制作吉利猪排配薯角

微课12　吉利猪排配薯角

情境导入

今天餐厅有宴会预订，师傅将带领小李完成西厨房吉利猪排配薯角的制作任务。为了完成师傅交代的任务，尽快提升自己的职业技能，小李虚心请教师傅，为完成任务做好了准备。

任务目标与要求

制作吉利猪排配薯角的任务目标与要求见表5-2-1所列。

表5-2-1　制作吉利猪排配薯角的任务目标与要求

工作任务	在师傅的指导下独立制作一份符合企业出品标准的吉利猪排配薯角
任务目标	1. 熟知吉利猪排配薯角的原料 2. 掌握吉利猪排配薯角的工艺流程
任务要求	1. 熟悉吉利猪排配薯角原料的特性 2. 掌握吉利猪排配薯角的制作步骤 3. 明确产品企业标准 4. 个人独立完成任务 5. 操作过程符合职业素养要求和安全操作规范 6. 产品达到企业标准，符合食品卫生要求

知识准备

食用油的比热容与水相比较，较低，且食用油的沸点比水高，吸收相同的热量，油升温较快。油炸菜肴受热均匀，油炸有利于菜肴形成诱人的色泽，有利于菜肴的香气形成，有利于菜肴的成形。

任务实施

一、原料准备

A：猪里脊200克、精盐5克、李派林喼汁5克、白胡椒粉2克、生粉20克、生抽10克。

B：低筋面粉200克、鸡蛋2个、面包糠200克、色拉油1升。

C：土豆1个、西兰花100克、圣女果3个、大蒜1个、蛋黄酱30克、欧芹碎1克、番茄少司5克。

原料准备如图5-2-1所示。

(a) 猪里脊　(b) 精盐　(c) 李派林喼汁　(d) 白胡椒粉
(e) 生粉　(f) 生抽　(g) 低筋面粉　(h) 鸡蛋
(i) 面包糠　(j) 色拉油　(k) 土豆
(l) 西兰花　(m) 圣女果　(n) 大蒜
(o) 蛋黄酱　(p) 欧芹碎　(q) 番茄少司

图5-2-1　原料准备

二、制作过程

1. 工具准备

西式主刀、肉锤、砧板、锡纸、玻璃碗、酱汁锅、滤网、不锈钢食品夹、圆碟。

2. 工艺流程

粗加工→腌制→酱汁制作→炸制→装盘。

3. 制作步骤

1）切除猪里脊肉上多余的筋膜，包裹保鲜膜后，用肉锤反复捶打，使其肉质纤维松散，如图5-2-2所示。

2）猪里脊肉表面撒上李派林喼汁、生抽、精盐、生粉、白胡椒粉，按摩后腌制10分钟备用，如图5-2-3所示。

3）大蒜切去头部，包锡纸放入烤箱200℃烤制15分钟，将烤至软烂的大蒜制成蒜泥，加入蛋黄酱、欧芹碎拌匀备用，如图5-2-4所示。

4）西兰花去柄，切成小朵；锅内加水烧开，加入少许精盐，下入西兰花焯烫，捞出投凉备用，如图5-2-5所示。

图5-2-2 疏松肉质

图5-2-3 按摩腌制

图5-2-4 蒜泥加入蛋黄酱、欧芹碎拌匀

图5-2-5 焯烫西兰花

5）土豆洗净带皮切厚角，用清水洗净表面淀粉，如图5–2–6所示。

6）低筋面粉、鸡蛋液、面包糠依次摆放，将腌制好的猪里脊“过三关”进行裹制，如图5–2–7所示。

7）锅中加大量色拉油，加热至150℃，放入裹制好的猪里脊炸至金黄捞出，将油温提升至160～180℃，快速复炸即可捞出沥干油脂备用，如图5–2–8所示。

8）待油温再次升至150℃，放入薯角炸至金黄捞出，油温升至160～170℃后，快速复炸即可捞出沥干油脂备用，如图5–2–9所示。

9）炸好的薯角加入蒜泥、蛋黄酱拌匀，如图5–2–10所示。

10）平底锅烧热，加入黄油、蒜末，下入西兰花、圣女果快速翻炒，加少许精盐调味，翻炒后盛出备用，如图5–2–11所示。

11）将吉利猪排切块装盘，码上薯角、时蔬，进行装饰，如图5–2–12所示。

12）吉利猪排配薯角成品如图5–2–13所示。

图5–2–6　土豆洗净带皮切厚角

图5–2–7　将腌制好的猪里脊“过三关”进行裹制

图5–2–8　炸制猪里脊

图5–2–9　炸制薯角

图5–2–10　炸好的薯角加入蒜泥、蛋黄酱拌匀

图5-2-11　炒制西兰花、圣女果

图5-2-12　装盘

图5-2-13　吉利猪排配薯角

4. 成品标准

1）吉利猪排颜色金黄，肉嫩多汁，成熟度把握准确。

2）薯角外酥里嫩。

拓展任务

自己查找资料，制作法式蓝带猪排，其主料、烹饪方法和口味特点见表5-2-2所列。

表5-2-2　法式蓝带猪排的主料、烹饪方法和口味特点

主料：猪里脊、芝士片、午餐火腿
烹饪方法：炸
口味特点：猪排外酥里嫩，芝士奶香味浓

任务评价

任务完成后，根据制作的情况，学生进行自评、互评，教师给以评分，并填入表5-2-3。

表5-2-3　制作吉利猪排配薯角任务评价表

班级：　　　　　　　姓名：

评价内容	评价要求	评分分值	学生自评	学生互评	教师评分
制作准备（20分）	职业着装规范（衣服、围裙、帽子干净整洁）	5			
	原料、工具准备齐全	5			
	操作前个人卫生符合企业标准（课前洗手）	10			

（续表）

评价内容	评价要求	评分分值	学生自评	学生互评	教师评分
制作过程（40分）	西式主刀：使用熟练，材料切配，符合出品要求 肉锤：疏松肉质纤维，起到软嫩肉质的作用	10			
	腌制：用料熟练，口味咸淡适宜，时间把握准确	10			
	油炸制作：油温把握准确	10			
	装盘：符合制作标准，装盘美观大气	10			
卫生（20分）	操作工具干净整洁，无异物	10			
	操作工位干净整洁，无异物	5			
	成品器皿干净整洁，无异物	5			
成品质量（20分）	颜色金黄，肉嫩多汁，成熟度把握准确	10			
	薯角外酥里嫩	10			
评分		100			

巩固提升

一、选择题

1. “过三关”的正确顺序是（　）。

A. 面包糠、面粉、蛋液　　B. 蛋液、面粉、面包糠

C. 面粉、面包糠、蛋液　　D. 面粉、蛋液、面包糠

2. 炸薯角的适宜油温是（　）。

A. 100℃　　B. 150℃　　C. 200℃　　D. 250℃以上

二、简答题

如何辨别油温？

三、计算题

某西餐厅一份吉利猪排配薯角的销售价格是68元，销售毛利率是55%。该菜肴的成本是多少元？

模块六　羊肉篇

任务一　制作土豆烩羊肉

情境导入

小李像往常一样到酒店西厨房上班。他接到通知，今天中午将有一对英国夫妇在餐厅用餐，并提前预订了菜品，菜品中的土豆烩羊肉将由小李进行制作。为了能够顺利完成这项任务，使客人得到满意的用餐服务，并考虑到客人的饮食习惯及口味，小李虚心地向师傅和同事请教，独立完成了这次工作任务。

微课13　土豆烩羊肉

任务目标与要求

制作土豆烩羊肉的任务目标与要求见表6-1-1所列。

表6-1-1　制作土豆烩羊肉的任务目标与要求

工作任务	在师傅和同事的指导下独立制作一份符合英式标准及口味的土豆烩羊肉
任务目标	1. 熟知制作土豆烩羊肉的原料 2. 掌握制作土豆烩羊肉的工艺流程
任务要求	1. 熟悉土豆烩羊肉所用各种原料的特性 2. 掌握土豆烩羊肉的制作步骤 3. 按照菜式标准制作出符合出品要求的菜肴 4. 个人独立完成任务 5. 操作过程符合职业素养要求和安全操作规范 6. 产品达到企业标准，符合食品卫生要求

知识链接

烩是将小型原料放入汤中，加入调料调味，经旺火或中火在短时间内加热后，勾薄芡使汤菜融合，成品是半汤半菜的一种烹饪方法。

操作要点：

1）少司用量不宜多，以刚好覆盖原料为宜。

2）烩制菜肴可以在灶台上进行，少司的温度保持在80~90℃，这种方法便于掌握火候，但比较费人力。

3）烩制菜肴还可以在烤箱内进行，烤箱的温度最高为180℃，少司的温度可控制在90℃左右。

4）在烩制的过程中要加盖。

5）烩制菜肴大部分要经过初步热加工处理。

任务实施

一、原料准备

A：小羊前腿肉600克。

B：土豆200克、胡萝卜50克、洋白菜100克、洋葱30克、白汁酱50克。

C：白胡椒粒5克、精盐8克、黑胡椒碎5克、番芫荽末2克、百里香2克。

D：米饭350克。

原料准备如图6-1-1所示。

(a) 小羊前腿肉　(b) 土豆　(c) 胡萝卜　(d) 洋白菜
(e) 洋葱　(f) 白汁酱　(g) 白胡椒粒　(h) 精盐
(i) 黑胡椒碎　(j) 番芫荽末　(k) 百里香　(l) 米饭

图6-1-1　原料准备

二、制作过程

1. 工具准备

西式主刀、砧板、大玻璃碗、汤勺、刮皮刀、漏网、不锈钢夹、酱汁锅。

2. 工艺流程

羊肉加工→配料加工→烹制成型→装盘。

3. 制作步骤

1）酱汁锅加水，下入羊腿肉和白胡椒粒煮至七成熟后捞出切块，如图6-1-2所示。

2）过滤原汤，去除杂质，如图6-1-3所示。

3）将土豆去皮切块，如图6-1-4所示，洋葱、胡萝卜、洋白菜切块。

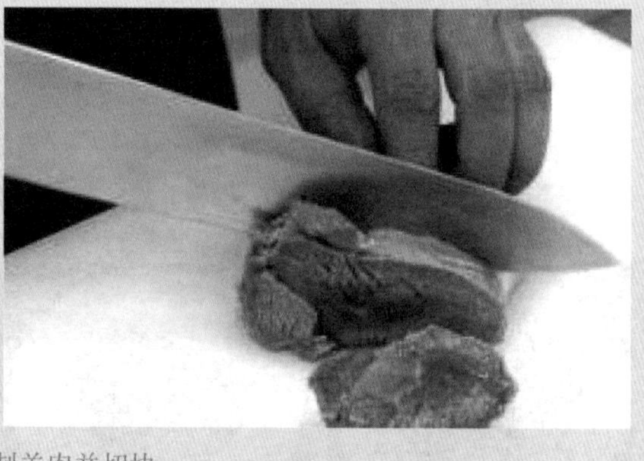

图6-1-2　煮制羊肉并切块

图6-1-3　过滤原汤，去除杂质

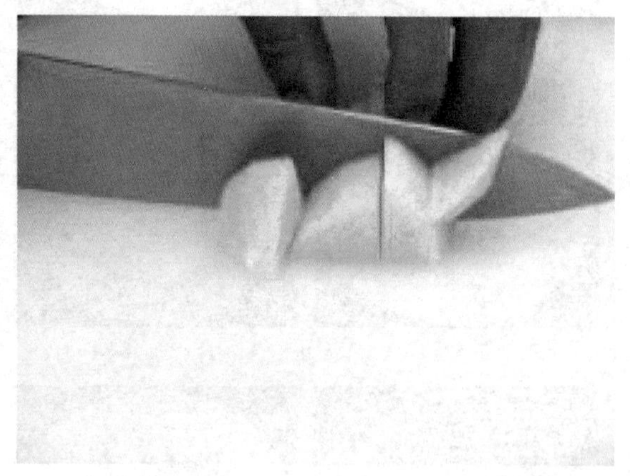

图6-1-4　土豆去皮切块

4）将羊肉块和蔬菜块放入锅中，倒入原汤煮沸后加精盐、黑胡椒碎、百里香搅匀，烩至羊肉熟透，如图6-1-5所示。

5）加入白汁酱使汤汁浓稠，撒上番芫荽末，如图6-1-6所示

6）盘边配上米饭，盛上烩好的土豆烩羊肉，装盘，如图6-1-7所示。

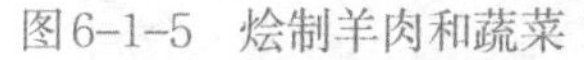

图6-1-5 烩制羊肉和蔬菜

图6-1-6 加入白汁酱使汤汁浓稠

图6-1-7 装盘

4. 成品标准

1）色泽浅褐。

2）形态均匀整齐，表面有少司。

3）羊肉香浓微咸。

4）羊肉软烂不散，蔬菜软而不烂。

拓展任务

自己查找资料，制作法式香煎羊里脊配红酒，其主料、烹饪方法和口味特点见表6-1-2所列。

表6-1-2 法式香煎羊里脊配红酒的主料、烹饪方法和口味特点

主料：羊里脊肉、干红葡萄酒、羊肚菌
烹饪方法：烩
口味特点：羊肉鲜嫩多汁，汤汁酒香浓郁

任务评价

任务完成后，根据制作的情况，学生进行自评、互评，教师给以评分，并填入表6-1-3。

表6-1-3　制作土豆烩羊肉任务评价表

班级：　　　　　　姓名：

评价内容	评价要求	评分分值	学生自评	学生互评	教师评分
制作准备（20分）	职业着装规范（衣服、围裙、帽子干净整洁）	5			
	原料、工具准备齐全	5			
	操作前个人卫生符合企业标准（课前洗手）	10			
制作过程（40分）	原料切配：使用刀具熟练、符合卫生标准（刀具使用安全规范，熟练切配各种原材料，大小均匀；刀具、砧板、加工材料符合卫生标准）	10			
	烹制过程：按照烹制流程制作菜品（下料时间及顺序准确、过程正确）	10			
	烹制火候：烹制过程火候及时间的熟练掌握程度（羊肉、蔬菜的成熟度控制；汤汁浓稠度的把握）	10			
	装盘：干净、整洁、美观、无污渍	10			
卫生（20分）	操作工具干净整洁，无异物	10			
	操作工位干净整洁，无异物、无水渍	5			
	成品器皿干净整洁，无异物	5			
成品质量（20分）	色泽：呈浅褐色 形态：呈块状、均匀整齐，表面有少司	10			
	味道：香浓的羊肉味，微咸 口感：羊肉软烂不散，蔬菜软而不烂	10			
评分		100			

巩固提升

一、选择题

1. 制作土豆烩羊肉使用的是小羊的（　）。

A. 后腿肉　　B. 前腿肉　　C. 里脊肉　　D. 肋排

2. 用清水煮羊肉时，应该加入（　），并将羊肉煮至七成熟。

A. 花椒粒　　B. 花椒粉　　C. 白胡椒粒　　D. 黑胡椒碎

二、简答题

小羊肉的特点是什么？

三、计算题

用600克的小羊前腿肉制作二人份的土豆烩羊肉，需要50克的奶油少司，制作10人份的土豆烩羊肉需要多少克奶油少司？

任务二 制作法式迷迭香烤羊肋排配蘑菇汁

情境导入

微课14 法式迷迭香烤羊肋排配蘑菇汁

晚上西餐厅将有一场西式宴会，热菜由小李的所在部门负责制作，其中一道主菜法式迷迭香羊肋排配蘑菇汁将由小李制作。为了能够顺利地完成这项任务，使客人得到满意的用餐服务，小李虚心向师傅请教，并在师傅的指导下完成了这次工作任务。

任务目标与要求

制作法式迷迭香烤羊肋排配蘑菇汁的任务目标与要求见表6–2–1所列。

表6-2-1 制作法式迷迭香烤羊肋排配蘑菇汁的任务目标与要求

工作任务	在师傅指导下独立制作一份符合企业标准及要求的法式迷迭香羊肋排配蘑菇汁
任务目标	1. 熟知制作法式迷迭香羊肋排配蘑菇汁使用的原料 2. 掌握制作法式迷迭香羊肋排配蘑菇汁的工艺流程
任务要求	1. 熟悉法式迷迭香羊肋排配蘑菇汁所用各种原料的特性 2. 掌握法式迷迭香羊肋排配蘑菇汁的制作步骤 3. 按照菜式的制作标准制作出符合出品要求的菜肴 4. 个人独立完成任务 5. 操作过程符合职业素养要求和安全操作规范 6. 产品达到企业标准，符合食品卫生要求

知识链接

烤是一种烹饪方法，是将加工处理好或腌渍入味的原料置于烤具内部，用明火、暗火等产生的热辐射进行加热的技法总称。原料经烘烤后，表层水分散发，使原料产生松脆的表面和焦香的滋味。

烤是最古老的烹饪方法，自从人类发现了火，知道吃熟食时，最先使用的烹饪方法就是野火烤食。

烤制不易成熟的原料要先用较高的炉温，当原料表面结壳后，再降低炉温；烤制易成熟的原料时，可以一直用较高的炉温；烤制过程中要不断地往原料表面刷油或原汁。

任务实施

一、原料准备

A：羊肋排200克。

B：洋葱100克、干葱15克、口蘑30克、布朗少司100克、法式芥末酱20克、干红葡萄酒150克。

C：黑胡椒碎10克、精盐10克、白胡椒粉5克、番芫荽10克、迷迭香1枝、黄油50克、淡奶油30克、橄榄油10克。

D：土豆1个、手指萝卜1根、圣女果4个。

原料准备如图6-2-1所示。

(a) 羊肋排 (b) 洋葱 (c) 干葱 (d) 口蘑

(e) 布朗少司 (f) 法式芥末酱 (g) 干红葡萄酒 (h) 黑胡椒碎

(i) 精盐 (j) 白胡椒粉 (k) 番芫荽 (l) 迷迭香

(m) 黄油 (n) 淡奶油 (o) 橄榄油

(p) 土豆 (q) 手指萝卜 (r) 圣女果

图6-2-1 原料准备

二、制作过程

1. 工具准备

西式主刀、砧板、玻璃碗、刮皮刀、漏网、压薯器、酱汁锅、汤勺、锅铲、不锈钢夹、油刷、烤盘、烤箱。

2. 工艺流程

羊肋排加工腌制→辅料加工→土豆泥制作→蘑菇少司制作→烤制羊肋排→配菜制作→切配装盘。

3. 制作步骤

1）羊肋排、洋葱丝、迷迭香、黑椒碎、精盐、干红葡萄酒，拌匀后腌制1小时以上，如图6-2-2所示。

图6-2-2 腌制羊肋排

2）土豆去皮切小块，手指萝卜去皮修型，口蘑切片，干葱切丝，如图6-2-3所示。

3）土豆块下入沸水中，煮透后捞出沥干水分，用压薯器压成土豆泥，如图6-2-4所示。

4）土豆泥中加入淡奶油、精盐、白胡椒粉调味，如图6-2-5所示，拌匀后装入裱花袋中备用。

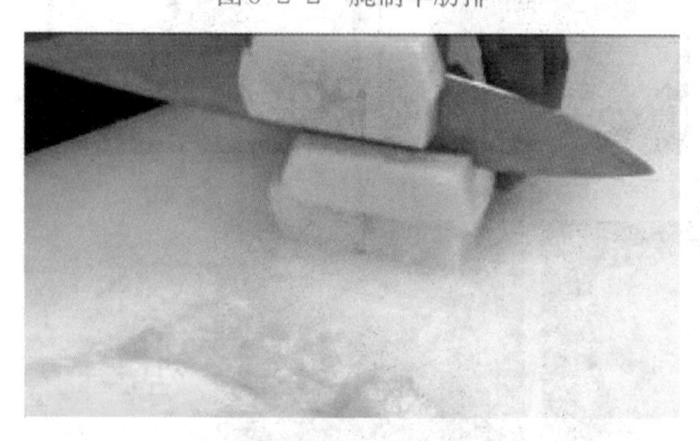

图6-2-3 处理蔬菜

图6-2-4 制作土豆泥

图6-2-5 土豆泥调味

5）平底锅加热后，放入少量黄油，炒香干葱丝和口蘑片，如图6–2–6所示。

6）加入干红葡萄酒、布朗少司搅拌均匀，加白胡椒粉、精盐、黑胡椒碎、淡奶油，搅拌均匀，大火收汁，如图6–2–7所示。

7）将煮好的蘑菇少司用破壁机打成比较细腻的酱汁，把酱汁倒入平底锅中，加入干红葡萄酒，大火收汁，煮至黏稠，盛出备用，如图6–2–8所示。

8）平底锅烧热加入橄榄油，放入腌制好的羊肋排煎至两面金黄，取出放在烤盘上，如图6–2–9所示。

图6-2-6 炒香干葱丝和口蘑片

图6-2-7 制作蘑菇少司

图6-2-8 酱汁煮至黏稠后盛出备用

图6-2-9 煎制羊肋排

9）在羊肋排表面均匀刷上一层法式芥末酱，如图6–2–10所示。

10）烤箱预热180℃，将羊肋排放入烤箱，烤至七成熟后取出，如图6–2–11所示。

11）手指萝卜用盐水焯烫成熟，如图6–2–12所示。

12）平底锅烧热，加入橄榄油，将手指萝卜、圣女果煎至上色，放入适量的精盐、白胡椒粉调味，盛出备用，如图6–2–13所示。

13）主菜盘加热至45℃，将土豆泥、羊肋排、手指萝卜、圣女果按要求摆盘，如图6–2–14所示。

14）将蘑菇少司淋在羊排表面，再撒上少许番芫荽碎装饰，法式迷迭香烤羊肋排配蘑菇汁成品如图6–2–15所示。

图6-2-10　在羊肋排表面均匀刷上一层法式芥末酱

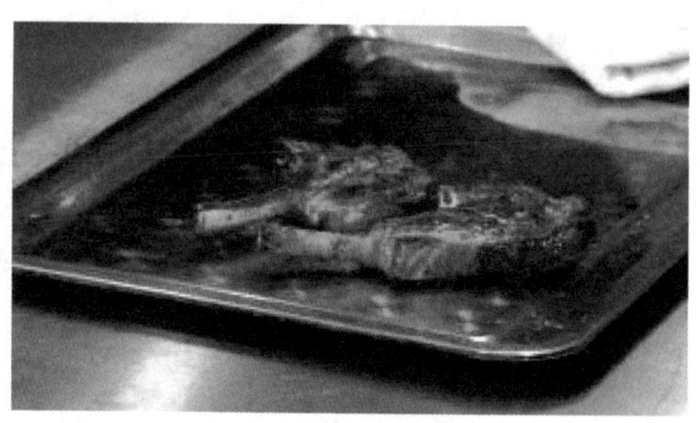

图6-2-11　羊肋排烤至七成熟

图6-2-12　手指萝卜用盐水焯烫成熟

图6-2-13　手指萝卜、圣女果煎至上色

图6-2-14　土豆泥、羊肋排、手指萝卜、圣女果按要求摆盘

图6-2-15　法式迷迭香烤羊肋排配蘑菇汁

4. 成品标准

1）羊肋排呈深褐色，菜式色泽鲜明。

2）羊肋排呈厚片状、均匀整齐；土豆泥形态美观。

3）羊肉味和迷迭香味浓郁，微咸、微辛辣。

4）羊肉鲜嫩多汁；土豆泥细腻，有淡淡的奶香味。

拓展任务

自己查找资料，制作蔬菜羊肉串，其主料、烹饪方法和口味特点见表6-2-2所列。

表6-2-2　蔬菜羊肉串的主料、烹饪方法和口味特点

主料：羊后腿肉、洋葱、青椒、土豆、百里香、迷迭香、黑胡椒
烹饪方法：烤
口味特点：羊肉味美多汁，蔬菜鲜秀可口，色泽艳丽

任务评价

任务完成后，根据制作的情况，学生进行自评、互评，教师给以评分，并填入表6-2-3。

表6-2-3　制作迷迭香烤羊肋排配蘑菇汁任务评价表

班级：　　　　　　　　姓名：

评价内容	评价要求	评分分值	学生自评	学生互评	教师评分
制作准备（20分）	职业着装规范（衣服、围裙、帽子干净整洁）	5			
	原料、工具准备齐全	5			
	操作前个人卫生符合企业标准（课前洗手）	10			
制作过程（40分）	原料切配：使用刀具熟练、符合卫生标准（刀具使用安全规范，熟练切配各种原材料，大小均匀；刀具、砧板、加工材料符合卫生标准）	10			
	烹制过程：①按照烹制流程制作菜品（下料时间及顺序准确、过程正确）②用电、用气的安全使用规范、正确，无危险操作	10			
	烹制火候：烹制过程中煎制及烤制时，对火候及时间的熟练掌握程度（羊肉、蔬菜的成熟度控制；汤汁浓稠度的把握）	10			
	装盘：装盘干净、整洁、美观、无污渍、无异物	10			
卫生（20分）	操作工具干净整洁，无异物	10			
	操作工位干净整洁，无异物、无水渍	5			
	成品器皿干净整洁，无异物，主菜盘预热温度	5			
成品质量（20分）	色泽：呈深褐色 形态：羊排呈厚片状、均匀整齐；土豆泥细腻	10			
	味道：香浓的羊肉味加迷迭香味，微咸、微辛辣 口感：羊肉鲜嫩多汁；土豆泥细腻、有淡淡的奶香味	10			
评分		100			

巩固提升

一、选择题

1. 制作法式迷迭香羊肋排配蘑菇汁使用的是羊的（　）。

A. 后腿肉　　B. 前腿肉　　C. 里脊肉　　D. 肋排

2. 腌制羊肉时应该加入（　）。

A. 胡椒粉、百里香草　　B. 黑胡椒碎、迷迭香草

C. 黑胡椒碎、百里香　　D. 盐、罗勒

二、简答题

羊肋排分布在羊的哪个部位？其特点是什么？

三、计算题

使用800克的羊肋排制作三人份的法式迷迭香羊肋排配蘑菇汁所用蘑菇少司需要150克的干红葡萄酒，制作10人份的蘑菇少司需要多少克红酒？

模块七 海 鲜 篇

任务一 制作芝士白汁焗生蚝

情境导入

晚上酒店西餐厅将有一个西式自助餐主题宴会，自助餐中的热菜由小李所在的部门负责制作，其中一道热菜芝士白汁焗生蚝将由小李制作。为了能够顺利地完成晚上的自助餐任务，使客人得到满意的用餐体验，小李虚心向师傅请教。在师傅的指导下，他完成了这次的开餐任务，同时也提升了自己的技能水平，积累了工作经验。

微课15 芝士白汁焗生蚝

任务目标与要求

制作芝士白汁焗生蚝的任务目标与要求见表7-1-1所列。

表7-1-1 制作芝士白汁焗生蚝的任务目标与要求

工作任务	在师傅的指导下，独立制作一份符合企业标准及要求的芝士白汁焗生蚝
任务目标	1. 熟知制作芝士白汁焗生蚝所使用的原料 2. 掌握制作芝士白汁焗生蚝的工艺流程
任务要求	1. 熟悉制作芝士白汁焗生蚝所用各种原料的特性 2. 掌握芝士白汁焗生蚝的制作步骤 3. 按照菜式的制作标准制作出符合出品要求的菜肴 4. 个人独立完成任务 5. 操作过程符合职业素养要求和安全操作规范 6. 产品达到企业标准，符合食品卫生要求

知识链接

焗是一种烹调方法，是以石头或盐或热的气体为导热媒介，将腌制过的食材或半成品加热至熟成菜的一种烹调方法。焗法烹制菜肴的操作要点如下：

(1) 焗烤的温度较高，一般在180~300℃，可通过移动烤盘来调节温度。

(2) 食物的底层要浇上一层较稀的少司。

(3) 食物上面的少司要稠些，厚薄均匀、平整。

任务实施

一、原料准备

A：大生蚝8个、马苏里拉芝士150克。

B：洋葱100克、培根50克、干白葡萄酒25克。

C：柠檬1个、黑胡椒碎8克、精盐10克、白胡椒粉5克。

白汁材料：低筋面粉50克、黄油50克、纯牛奶250克、淡奶油20克。

原料准备如图7-1-1所示。

(a) 大生蚝 (b) 马苏里拉芝士 (c) 洋葱
(d) 培根 (e) 干白葡萄酒 (f) 柠檬
(g) 黑胡椒碎 (h) 精盐 (i) 白胡椒粉
(j) 低筋面粉 (k) 黄油 (l) 纯牛奶 (m) 淡奶油

图7-1-1 原料准备

二、制作过程

1. 工具准备

西式主刀、砧板、玻璃碗、汤勺、不锈钢夹、酱汁锅、硅胶刷、手动打蛋器、锅铲、烤盘、烤箱。

2. 工艺流程

原料准备（清洗）→生蚝加工→辅料加工→芝士生蚝制作→烤制→装盘。

3. 制作步骤

1）将所用原料准备好，生蚝外壳洗刷干净，如图7–1–2所示。

2）生蚝开壳后，淋入少量柠檬汁、干白葡萄酒腌制5分钟，如图7–1–3所示。

3）将培根煎至焦黄，切碎备用，如图7–1–4所示。

4）洋葱切碎，用少量黄油炒香炒软，加入培根碎翻炒，盛出备用，如图7–1–5所示。

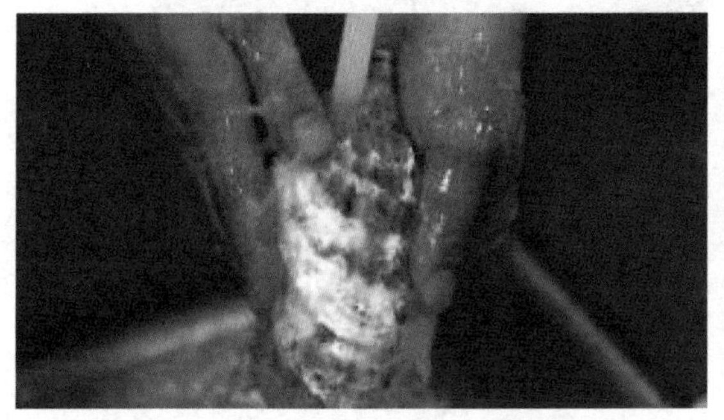

图7–1–2 清洗生蚝

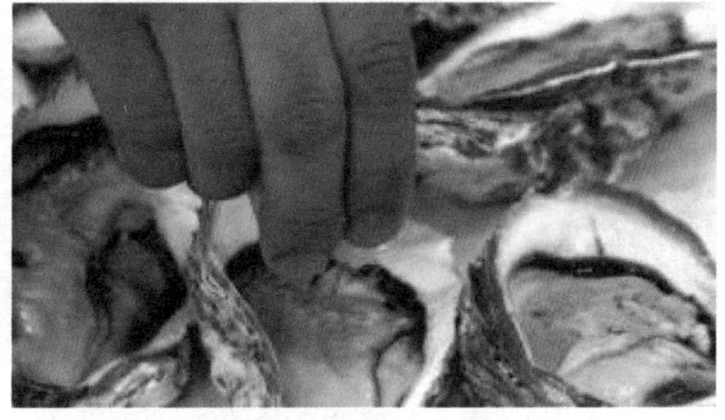

图7–1–3 腌制生蚝

图7–1–4 将培根切碎备用

图7–1–5 炒制洋葱碎和培根碎

5）腌制好的生蚝放入开水中焯烫15秒后取出，如图7–1–6所示。

6）将黄油、低筋面粉按顺序放入酱汁锅中，用中小火加热，搅拌均匀，炒出香味，呈黄油面糊，如图7–1–7所示。

7）将纯牛奶分次加入酱汁锅中，开中小火，并用打蛋器不断地将面糊和牛奶搅拌均匀，呈稠糊流体状。放入精盐、白胡椒粉调味，搅拌均匀，如图7–1–8所示。加入洋葱培根碎和少量淡奶油，快速搅拌均匀，如图7–1–9所示。

8）在生蚝肉上淋上少量柠檬汁和干白葡萄酒，撒上黑胡椒碎，如图7–1–10所示。

9）将调制好的白汁酱涂在生蚝肉上，撒上芝士碎，放入烤盘，摆放整齐，如图7–1–11所示。

10）烤箱预热150℃，将芝士生蚝放入烤箱，烤至表面金黄后取出，如图7–1–12所示。

11）将焗好的芝士生蚝整齐地摆放到盘子上，表面撒上少量番芫荽碎即可，如图7–1–13所示。芝士白汁焗生蚝成品如图7–1–14所示。

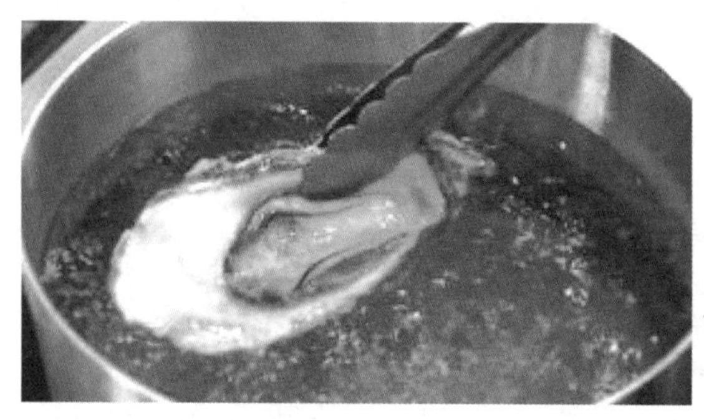

图7-1-6　焯水定型

图7-1-7　制作黄油面糊

图7-1-8　制作白汁酱

图7-1-9　加入洋葱培根碎和少量淡奶油后快速搅拌均匀

图7-1-10　在生蚝肉上淋上少量柠檬汁和干白葡萄酒

图7-1-11　在涂好白汁酱的生蚝肉上撒上芝士碎

图7-1-12　烤制芝士生蚝

图7-1-13　装盘

图7-1-14 芝士白汁焗生蚝成品

4. 成品标准

1）表面色泽金黄。

2）芝士生蚝形态饱满、均匀整齐。

3）具有浓郁的芝士及生蚝香味，微咸。

4）生蚝鲜嫩多汁；芝士顺滑拉丝，酱汁有淡淡的奶香味。

拓展任务

自己查找资料，制作蒸酿双色鱼卷，其主料、烹饪方法和口味特点见表7-1-2所列。

表7-1-2 蒸酿双色鱼卷的主料、烹饪方法和口味特点

主料：三文鱼肉、比目鱼肉、胡萝卜、淡奶油、白葡萄酒、胡椒粉
烹饪方法：焗
口味特点：鱼肉鲜嫩，奶香浓郁

任务评价

任务完成后，根据制作的情况，学生进行自评、互评，教师给以评分，并填入表7-1-3。

表7-1-3 制作芝士白汁焗生蚝任务评价表

班级： 姓名：

评价内容	评价要求	评分分值	学生自评	学生互评	教师评分
制作准备（20分）	职业着装规范（衣服、围裙、帽子干净整洁）	5			
	原料、工具准备齐全	5			
	操作前个人卫生符合企业标准（课前洗手）	10			

（续表）

评价内容	评价要求	评分分值	学生自评	学生互评	教师评分
制作过程（40分）	原料切配：使用刀具熟练、符合卫生标准（刀具使用安全规范，熟练切配各种原材料，大小均匀；刀具、砧板、加工材料符合卫生标准）	10			
	烹制过程：①按照烹制流程制作菜品（下料时间及顺序准确、过程正确）②用电、用气的使用规范、正确，无危险操作	10			
	烹制火候：汁酱制作及生蚝烤制时，对火候及时间的熟练掌握程度及工具的正确使用（生蚝的成熟度控制；汁酱浓稠度、色泽的把握）	10			
	装盘：干净、整洁、美观、无污渍、无异物	10			
卫生（20分）	操作工具干净整洁，无异物	10			
	操作工位干净整洁，无异物、无水渍	5			
	成品器皿干净整洁，无异物	5			
成品质量（20分）	色泽：呈金黄色 形态：生蚝整洁干净、饱满、无破损	10			
	味道：浓郁的芝士及生蚝香味，微咸 口感：生蚝鲜嫩多汁；芝士顺滑、拉丝；汁酱有淡淡的奶香味	10			
评分		100			

巩固提升

一、选择题

1. 制作白汁酱，面粉和黄油的比例是（　）。

A. 1∶1　　B. 1∶2　　C. 2∶1　　D. 3∶1

2. 腌制生蚝时应该加入少量的（　）。

A. 柠檬汁、黑椒碎　　B. 柠檬汁、白葡萄酒

C. 黑胡椒碎、白葡萄酒　　D. 精盐、黑胡椒碎

二、简答题

制作芝士焗生蚝时应将烤箱预热至多少摄氏度？

三、计算题

制作8个芝士焗生蚝大概需要150克马苏里拉芝士，制作50个芝士焗生蚝大概需要多少克芝士？

任务二 制作香煎三文鱼配柠檬黄油少司

情境导入

微课16 香煎三文鱼配柠檬黄油少司

情人节当天，酒店西餐厅推出了多款情人节套餐，小李所在的西餐厨房热菜部负责头盘及主菜的制作，而其中的香煎三文鱼配柠檬黄油少司将由小李负责制作。为了能够顺利完成工作任务，使客人得到满意的用餐体验，小李虚心向师傅和同事请教。他在师傅的指导下完成了这次任务，同时也提升了自己的技能水平及工作经验。

任务目标与要求

制作香煎三文鱼配柠檬黄油少司的任务目标与要求见表7–2–1所列。

表7-2-1 制作香煎三文鱼配柠檬黄油少司的任务目标与要求

工作任务	在师傅指导下独立制作一份符合企业标准及要求的香煎三文鱼配柠檬黄油少司
任务目标	1．熟知制作香煎三文鱼配柠檬黄油少司的原料 2．掌握制作香煎三文鱼配柠檬黄油少司的工艺流程
任务要求	1．熟悉制作香煎三文鱼配柠檬黄油少司所用各种原料的特性 2．掌握香煎三文鱼配柠檬黄油少司的制作步骤 3．按照菜式的制作标准制作出符合出品要求的菜肴 4．个人独立完成任务 5．操作过程符合职业素养要求和安全操作规范 6．产品达到企业标准，符合食品卫生要求

知识链接

煎是指先把锅烧热，再以凉油涮锅，留少量底油，放入原料，先煎一面上色，再煎另一面。煎时要不停地晃动锅，以使原料受热均匀，色泽一致，使其熟透，食物表面会呈金黄色乃至微煳。铁扒是剪法的一种，用铁扒技烹制菜肴时，应注意以下几点。

（1）铁扒的温度范围一般在180～200℃。

（2）煎制较厚的原料时要先煎上色，再降低温度煎制。

（3）根据原料的厚度及客人的要求来控制火候。

（4）煎锅或铁扒表面要保持清洁干净，制作菜肴时要在煎锅或铁扒表面上刷油。

任务实施

一、原料准备

A：三文鱼肉180克。

B：精盐5克、白胡椒粉5克、白砂糖10克、黄油50克、柠檬汁30克、橄榄油20克、干白葡萄酒10克。

C：芦笋80克、手指萝卜50克、圣女果20克。

原料准备如图7-2-1所示。

(a) 三文鱼肉 (b) 精盐 (c) 白胡椒粉 (d) 白砂糖 (e) 黄油 (f) 柠檬汁 (g) 橄榄油 (h) 干白葡萄酒 (i) 芦笋 (j) 手指萝卜 (k) 圣女果

图7-2-1 原料准备

二、制作过程

1. 工具准备

西式主刀、砧板、玻璃碗、不锈钢夹、刮皮刀、汤勺、锅铲、平底锅、圆碟。

2. 工艺流程

三文鱼加工与腌制→配菜初加工→柠檬黄油少司制作→配菜烹制→三文鱼烹制→装盘。

3. 制作步骤

1）将带皮三文鱼肉去皮，切成整齐的厚块，如图7-2-2所示。

2）三文鱼中加入少量柠檬汁、干白葡萄酒、精盐、白胡椒粉腌制15分钟，如图7-2-3所示。

3）芦笋切成9厘米左右的小段；手指萝卜去皮，切成6厘米左右的小段，如图7-2-4所示。

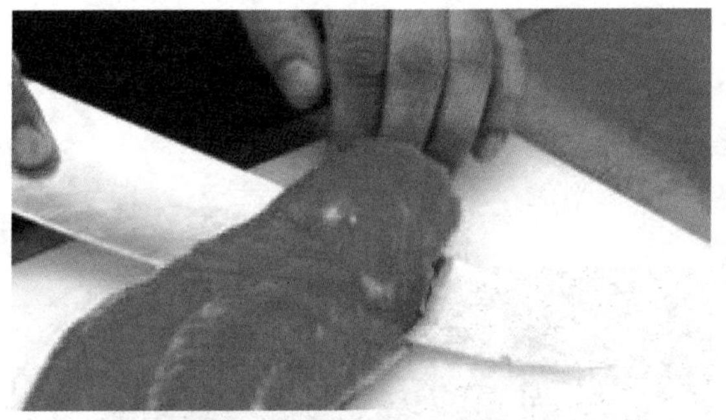

图7-2-2　处理三文鱼肉

图7-2-3　腌制三文鱼肉

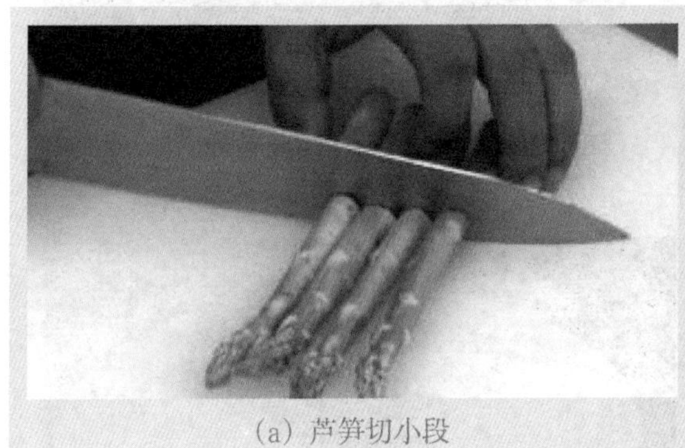

（a）芦笋切小段

（b）手指萝卜去皮切段

图7-2-4　处理芦笋和手指萝卜

4）柠檬汁过滤倒入锅中，中火转小火，温度控制在35℃，下入干白葡萄酒、白砂糖拌匀，如图7-2-5所示。

5）将黄油放入锅中，使其在柠檬汁中画圈，慢慢将熔化的黄油均匀地与柠檬汁融合，加入适量的白胡椒粉、精盐进行调味，如图7-2-6所示。注意，酱汁完成后应放在保温箱内35℃保存。

6）芦笋段、手指萝卜段分别用淡盐水煮至九成熟，捞出过凉备用，如图7-2-7所示。

7）平底锅烧热，加入少量橄榄油，将芦笋段、手指萝卜段、圣女果略炒，并用精盐、白胡椒粉调味，如图7-2-8所示。

8）平底锅烧热，加入少量橄榄油，下入三文鱼中小火煎制，加入少量干白葡萄酒去腥，使用中火煎至三文鱼表面微焦黄达到所需成熟度后取出，如图7-2-9所示。

图7-2-5　加热柠檬汁

图7-2-6　将黄油与柠檬汁融合调味

9）将主菜盘加热至35℃，并将芦笋段整齐地码放在圆碟中间，如图7-2-10所示。

10）将烹制好的三文鱼肉放在芦笋上面，然后码上手指萝卜和圣女果，如图7-2-11所示。

11）将黄油柠檬少司均匀地淋在三文鱼肉表面，装饰即可，如图7-2-12所示。

12）香煎三文鱼配柠檬黄油少司成品，如图7-2-13所示。

图7-2-7　芦笋段、手指萝卜段焯水投凉备用

图7-2-8　将芦笋段、手指萝卜段、圣女果略炒调味

图7-2-9　煎制三文鱼

图7-2-10　将芦笋段整齐地码放在圆碟中间

图7-2-11　摆盘

图7-2-12　装饰

图7-2-13　香煎三文鱼配柠檬黄油少司

4. 成品标准

1）三文鱼表面微焦黄，菜品色泽鲜明。

2）三文鱼呈厚块状、均匀整齐；汁酱浓稠度适当，呈流体状，能均匀地附着在三文鱼表面。

3）口味微咸、微酸、微甜

4）三文鱼鲜嫩，有淡淡的柠檬香味。

拓展任务

自己查找资料，制作煎烤鳕鱼配荷兰少司，其主料、烹饪方法和口味特点见表7–2–2所列。

表7-2-2　煎烤鳕鱼配荷兰少司的主料、烹饪方法和口味特点

主料：银鳕鱼、鸡蛋黄、黄油、百里香、刁草、黑胡椒、洋葱
烹饪方法：煎
口味特点：鳕鱼嫩滑香甜，香草气味浓郁

任务评价

任务完成后，根据制作的情况，学生进行自评、互评，教师给以评分，并填入表7–2–3。

表7-2-3　制作香煎三文鱼配柠檬黄油少司任务评价表

班级：　　　　　　　　姓名：

评价内容	评价要求	评分分值	学生自评	学生互评	教师评分
制作准备（20分）	职业着装规范（衣服、围裙、帽子干净整洁）	5			
	原料、工具准备齐全	5			
	操作前个人卫生符合企业标准（课前洗手）	10			
制作过程（40分）	原料切配：使用刀具熟练、符合卫生标准（刀具使用安全规范，熟练切配各种原材料，大小均匀；刀具、砧板、加工材料符合卫生标准）	10			
	烹制过程：①按照烹制流程制作菜品（下料时间及顺序准确、过程正确）②使用燃气灶台安全、规范，无危险操作	10			
	烹制火候：煎制过程中，对火候及时间的熟练掌握程度（对三文鱼和蔬菜成熟度的准确控制；制作汁酱对温度及浓稠度的把握）	10			
	装盘：符合卫生标准（装盘干净、整洁、美观、无污渍、无异物）	10			

（续表）

评价内容	评价要求	评分分值	学生自评	学生互评	教师评分
卫生（20分）	操作工具干净整洁，无异物	10			
	操作工位干净整洁，无异物、无水渍	5			
	成品器皿干净整洁，无异物，主菜盘预热温度35℃	5			
成品质量（20分）	色泽：三文鱼表面呈微焦黄色 形态：三文鱼呈厚块状、均匀整齐、不散；汁酱浓稠度适当，呈流体状、能均匀地附着在三文鱼表面	10			
	口味：微咸、微酸、微甜。 口感：三文鱼鲜嫩、有淡淡的柠檬香味	10			
评分		100			

巩固提升

一、选择题

1. 煎制三文鱼时，应该用（　）将三文鱼煎至微焦黄色。

A. 大火　　B. 小火　　C. 中火　　D. 中小火

2. 制作黄油柠檬少司时应该将温度控制在（　）左右进行制作。

A. 15℃　　B. 25℃　　C. 35℃　　D. 45℃

二、简答题

制作香煎三文鱼配柠檬黄油少司这道菜，最好选用三文鱼哪个部位的鱼肉？该部位的肉质有什么特点？

三、计算题

按照菜单标准，3.2千克的三文鱼净肉应该能制作多少份香煎三文鱼配柠檬黄油少司？

模块八　面食篇

任务一　制作意大利肉酱面

情境导入

微课17　意大利肉酱面

小李了解到西餐厅有意大利菜肴，如披萨、意大利面、肉肠等。鉴于小李平时勤奋努力，工作表现良好，主厨将指导小李完成意大利肉酱意粉的制作任务。为了完成这项任务，尽快提升自己的职业技能，小李虚心请教，为完成任务做好了准备。

任务目标与要求

制作意大利肉酱面的任务目标与要求见表8–1–1所列。

表8-1-1　制作意大利肉酱面的任务目标与要求

工作任务	在主厨的指导下独立制作一份符合企业标准的意大利肉酱意粉
任务目标	1. 熟知意大利肉酱意粉的原料 2. 掌握意大利肉酱意粉的工艺流程
任务要求	1. 熟悉意大利肉酱意粉原料的特性 2. 掌握意大利肉酱意粉制作步骤 3. 明确产品企业标准 4. 个人独立完成任务 5. 操作过程符合职业素养要求和设备设施及用具的安全操作规范 6. 产品达到企业标准，符合食品卫生要求

知识准备

熬是一种广泛使用的烹调方法，它主要是以厚底锅将肉酱及配料用旺火煮开转小火加热1小时以上使肉酱成熟软化，用时较长，成熟较慢。

熬的烹饪方法在很大程度上保持了原料的营养成分，成菜味道浓郁、鲜香。在面粉中加入鸡蛋、番茄、菠菜制作的通心粉、蚬壳粉、蝴蝶结粉、青豆汤粉和番茄酱粉，有白、红、黄、绿等多种颜色。这些粉大多煮熟后有嚼劲，这种烹调法可使菜肴汁多、味美，鲜香可口。

任务实施

一、原料准备

A：牛肉500克、意粉300克。

B：洋葱50克、西芹50克、干葱50克、法香5克、番茄150克、大蒜20克。

C：番茄酱30克、番茄少司30克、黄油100克、香叶3克、阿里根奴2克、罗勒叶2克、马苏里拉芝士20克、红葡萄酒100克、白砂糖5克、鸡精20克、精盐15克。

原料准备如图8-1-1所示。

（a）牛肉

（b）意粉　（c）洋葱　（d）西芹、干葱、法香　（e）番茄

（f）大蒜　（g）番茄酱　（h）番茄少司　（i）黄油

（j）香叶　（k）阿里根奴　（l）罗勒叶　（m）马苏里拉芝士

（n）红葡萄酒　（o）白砂糖　（p）鸡精　（q）精盐

图8-1-1　原料准备

二、制作过程

1. 工具准备

平底锅、酱汁锅、西式主刀、锅铲、砧板、玻璃碗、意粉碟。

2. 工艺流程

原料切配和初步处理→制作牛肉酱→煮意粉→装盘。

3. 制作步骤

1）将牛肉、洋葱、干葱、西芹切碎备用，如图8–1–2所示。

2）番茄表面切十字花刀，放入沸水中，捞出撕去表皮，切碎，如图8–1–3所示。

3）平底锅内放入橄榄油，下入牛肉末煸炒出香味，倒入红葡萄酒提升牛肉香味，如图8–1–4所示。

4）①平底锅内放入橄榄油，烧热后下入蒜末、洋葱碎煸炒出香味，下入西芹碎、法香、香叶，继续煸炒，如图8–1–5所示。②放入番茄酱，炒出香味，倒入番茄碎，炒软炒香，放入阿里根奴和罗勒叶继续煸炒，如图8–1–6所示。③下入炒好的牛肉末，加入适量清水（水量以刚超过原料为准），加入鸡精、精盐、白砂糖调味，熬煮40分钟，如图8–1–7所示。④在肉酱中加入番茄少司调味调色，肉酱颜色以粉红色为佳，如图8–1–8所示。

图8–1–2　将牛肉切碎备用

图8–1–3　番茄切碎

图8–1–4　煸炒牛肉末

图8–1–5　煸炒配料

图8-1-6　放入番茄酱和番茄碎煸炒

图8-1-7　调味熬煮

5）酱汁锅加水烧开，下入意大利面，煮约13分钟（至面无硬心时捞出），捞出沥水，加入3克橄榄油拌匀，如图8-1-9所示。

6）平底锅烧热，加入少量橄榄油，倒入煮好的意大利面翻炒，加入黄油翻炒均匀，如图8-1-10所示。

7）将意大利面盛入意粉碟中，浇上制作好的肉酱，撒上芝士，放入220℃的烤箱中，烤制3分钟。意大利肉酱面成品如图8-1-11所示。

图8-1-8　在肉酱中加入番茄少司调味调色

图8-1-9　煮意大利面

图8-1-10　翻炒意大利面

图8-1-11　摆盘烤制

4. 成品标准

1）意大利面口感滑顺，奶香浓郁。

2）牛肉酱鲜香软滑，番茄味浓郁。

拓展任务

自己查找资料，制作意大利圆形菠菜虾肉饺子，其主料、烹饪方法和口味特点见表8-1-2所列。

表8-1-2　意大利圆形菠菜虾肉饺子的主料、烹饪方法和口味特点

主料：鸡蛋、面粉、菠菜
烹饪方法：煮
口味特点：面皮筋道，肉够鲜香多汁

任务评价

任务完成后，根据完成的情况，学生进行自评、互评，教师给以评分，并填入表8-1-3。

表8-1-3　制作意大利肉酱面的任务评价表

班级：　　　　　　　　姓名：

评价内容	评价要求	评分分值	学生自评	学生互评	教师评分
制作准备（20分）	职业着装规范（衣服、围裙、帽子干净整洁）	5			
	原料、工具准备齐全	5			
	操作前个人卫生符合企业标准（课前洗手）	10			
制作过程（40分）	牛肉末煸炒至干香，放入红酒提升牛肉香味	10			
	面（粉）有硬心时捞出	10			
	牛肉酱鲜香软滑，番茄味浓郁	10			
	满满的黄油口感和奶香味	10			
卫生（20分）	操作工具干净整洁，无异物	10			
	操作工位干净整洁，无异物	5			
	成品器皿干净整洁，无异物	5			
成品质量（20分）	装盘：装盘饱满，装饰美观	10			
	面条鲜香，牛肉酱软滑，番茄味道浓郁	10			
评分		100			

巩固提升

一、选择题

1. 金枪鱼译音为（　）。

A. 吞拿鱼　　B. 三文鱼　　C. 白饭鱼　　D. 银鱼柳

2. 千岛汁是以（　）为基础衍变出的一种少司。

A. 马乃司　　B. 醋油汁　　C. 法国汁　　D. 鞑靼少司

二、简答题

制作番茄焗鱼片为什么要用鱼汤？

三、计算题

某厨房的原材料月初结存2000元，本月领用6000元，本月实际耗用4000元。此厨房的月末盘存额为多少？

任务二 制作海鲜忌廉卷面

情境导入

微课18 海鲜忌廉卷面

意粉有许多种类，除普通的直身粉外，还有螺丝形、弯管形、蝴蝶形、空心状、贝壳形等林林总总数千种。为了满足小李的学习欲望，今天西餐主厨将指导小李完成意大利海鲜忌廉卷面的制作任务。为了完成这项任务，尽快提升自己的职业技能，小李向师傅和同事虚心请教，为完成任务做好了准备。

任务目标与要求

制作海鲜忌廉卷面任务目标与要求见表8–2–1所列。

表8-2-1 制作海鲜忌廉卷面任务目标与要求

工作任务	在师傅的指导下独立制作一份符合企业标准的海鲜忌廉卷面
任务目标	1. 熟知海鲜忌廉卷面的原料 2. 掌握海鲜忌廉卷面的工艺流程
任务要求	1. 熟悉海鲜忌廉卷面原料的特性 2. 掌握海鲜忌廉卷面的制作步骤 3. 明确产品企业标准 4. 个人独立完成任务 5. 操作过程符合职业素养要求和设备设施及用具的安全操作规范 6. 产品达到企业标准，符合食品卫生要求

知识准备

1. 意粉

意粉（Pasta）也被称为意大利面，是西餐正餐中最接近中国人饮食习惯的面点。

2. 烩

烩是将原料大火煮开改小火加入忌廉、鸡蛋黄使汤汁浓稠。这种烹调法可使菜肴汁多味美、口感滑嫩。

任务实施

一、原料配方

A：螺丝形意粉150克、青口贝3个、虾4只、鱿鱼100克。

B：青椒10克、红椒10克、洋葱10克、大蒜5克、鸡蛋黄2个、法香2克、鲜百里香

10克。

C：橄榄油10克、干白葡萄酒20克、淡奶油20克、黄油20克、牛奶100克、精盐2克。

原料准备如图8-2-1所示。

（a）螺丝形意粉　（b）青口贝　（c）虾和鱿鱼　（d）青椒和红椒

（e）洋葱　（f）大蒜　（g）鸡蛋黄　（h）法香

（i）鲜百里香　（j）橄榄油　（k）干葡萄油　（l）淡奶油

（m）黄油　（n）牛奶　（o）精盐

图8-2-1　原料准备

二、制作过程

1. 工具准备

酱汁锅、平底锅、锅铲、砧板、西式主刀、玻璃碗、意粉碟。

2. 工艺流程

原料切配和初步处理→烹制（烩）意粉→装盘。

3. 制作步骤

1）将大蒜切片，洋葱、青椒、红椒切成细丝，如图8–2–2所示。

2）虾沿脊背切开，鱿鱼切段，如图8–2–3所示。

3）酱汁锅加水烧开，下入意大利面。加入少许精盐，煮制13分钟后捞出，沥干水分备用，如图8–2–4所示。

4）蛤蜊的加工处理，如图8–2–5所示。

5）①平底锅烧热，加入橄榄油，下入蒜片和洋葱丝爆香，如图8–2–6所示。②下入虾、鱿鱼、青口贝翻炒，加入干白葡萄酒、鲜百里香略煮收汁，如图8–2–7所示。③见虾的

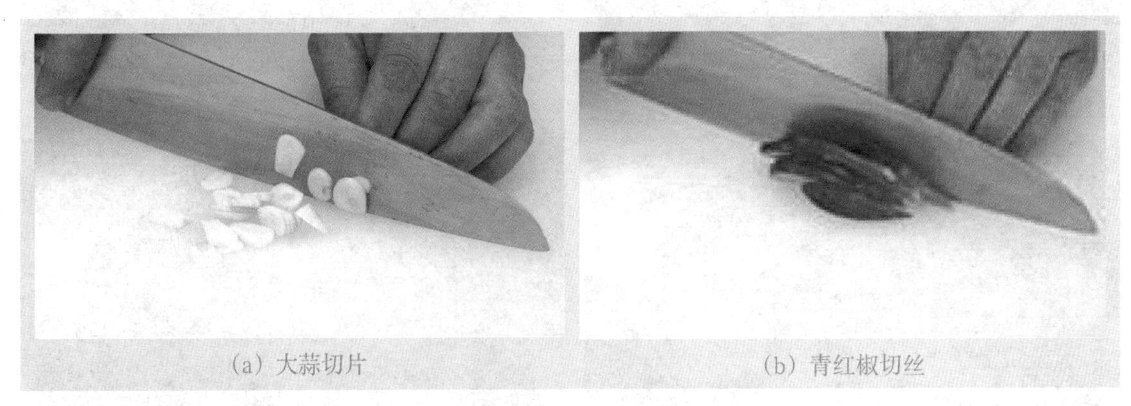

（a）大蒜切片　　（b）青红椒切丝

图8–2–2　加工蔬菜

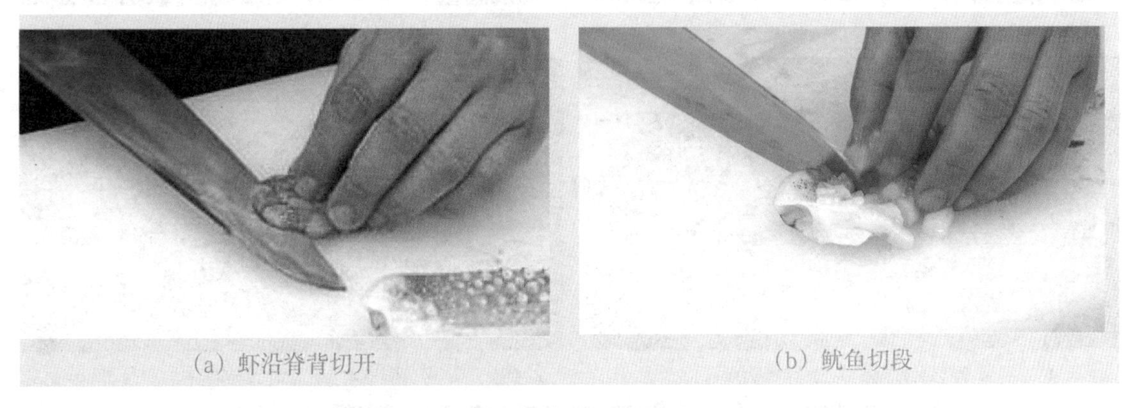

（a）虾沿脊背切开　　（b）鱿鱼切段

图8–2–3　加工海鲜

图8–2–4　煮意大利面

图8–2–5　加工蛤蜊

颜色变红后，下入意大利面翻炒，如图8-2-8所示。④加入牛奶，搅拌均匀后转小火，加入淡奶油翻炒均匀，如图8-2-9所示。⑤加入鸡精、精盐调味，下入青红椒丝，如图8-2-10所示。⑥煮至海鲜熟透，加入鸡蛋黄拌匀，如图8-2-11所示，成品如图8-2-12所示。

图8-2-6　炒香蒜片和洋葱丝

图8-2-7　下入海鲜翻炒

图8-2-8　下入意大利面继续翻炒

图8-2-9　加入淡奶油

图8-2-10　下入青红椒丝

图8-2-11　加入鸡蛋黄

图8-2-12　海鲜忌廉卷面

4. 成品标准

1）意大利面色泽奶白滑嫩，汁水浓稠。

2）意大利面口感鲜香浓郁，具有欧式风味。

拓展任务

自己查找资料，制作海鲜芝士焗通心粉，其主料、烹饪方法、口味特点见表8-2-2所列。

表8-2-2　海鲜芝士焗通心粉的主料、烹饪方法、口味特点

主料：通心粉、海鲜、芝士、忌廉
烹饪方法：煮、焗
口味特点：芝士拉丝，奶香浓郁

任务评价

任务完成后，根据制作的情况，学生进行自评、互评，教师给以评分，并填入表8-2-3。

表8-2-3　制作海鲜忌廉卷面任务评价表

班级：　　　　　　　　姓名：

评价内容	评价要求	评分分值	学生自评	学生互评	教师评分
制作准备（20分）	职业着装规范（衣服、围裙、帽子干净整洁）	5			
	原料、工具准备齐全	5			
	操作前个人卫生符合企业标准（课前洗手）	10			
制作过程（40分）	圆青红椒、洋葱切制成0.2厘米×0.2厘米×5厘米的丝	10			
	意粉汁水浓稠	10			
	意粉色泽奶白滑嫩	10			
	装盘：装饰美观	10			
卫生（20分）	操作工具干净整洁，无异物	10			
	操作工位干净整洁，无异物	5			
	成品器皿干净整洁，无异物	5			
成品质量（20分）	意粉口感鲜香浓郁，具有欧式风味	10			
	意粉色泽奶白滑嫩，汁水浓稠	10			
评分		100			

巩固提升

一、选择题

1. 各种面食类配菜大多用于（　）菜肴。

A. 法式　　B. 美式　　C. 意大利式　　D. 德式

2. 制作铁扒带骨牛扒的原料有（ ）。

A. 牛基础汤　　B. 波尔图酒　　C. 奶油少司　　D. 布朗少司

二、简答题

忌廉和奶油有什么区别?

三、计算题

某产品成本30元，销售毛利率60%，此产品的售价是多少?

模块九　东南亚篇

任务一　制作越南春卷配酸甜柠檬汁

情境导入

小李了解到餐厅的东南亚菜肴销售情况很好，特别是越南菜注重清爽、原味，只放少许香料，以及鱼露、香花菜和青柠檬等作料，以蒸煮、烧烤、熬焖、凉拌为主。为了满足小李的学习欲望，今天西餐主厨将指导小李完成越南春卷的制作任务。为了完成这项任务，尽快提升自己的职业技能，小李虚心向师傅请教，为完成任务做好了准备。

微课19　越南春卷配酸甜柠檬汁

任务目标与要求

制作越南春卷配酸甜柠檬汁的任务目标与要求见表9–1–1所列。

表9-1-1　制作越南春卷配酸甜柠檬汁任务目标与要求

工作任务	在师傅的指导下独立制作一份符合企业标准的越南春卷
任务目标	1. 熟知越南春卷的原料 2. 掌握海鲜忌廉卷面的工艺流程
任务要求	1. 熟悉越南春卷原料的特性 2. 掌握越南春卷的制作步骤 3. 明确产品企业标准 4. 个人独立完成任务 5. 操作过程符合职业素养要求和设备设施及用具的安全操作规范 6. 产品达到企业标准，符合食品卫生要求

知识准备

东南亚菜包括越南菜、泰国菜、缅甸菜、老挝菜、菲律宾菜、马来西亚菜、新加坡菜等。

越南菜注重清爽、原味，只放少许香料，鱼露、香花菜和青柠檬等是必不可少的作料。越南菜以蒸煮、烧烤、熬焖、凉拌为主，口味偏酸辣，有开胃之效。越南菜之所以好吃，秘诀就是桌上那碟鱼露配料。鱼露采用纯天然的方式长时间腌制而成，萃取了鱼肉的精华，有很高的营养价值。

任务实施

一、原料准备

A：越南春卷皮1袋、半肥猪肉末250克、虾仁100克。

B：粉丝100克、黑木耳50克、香菇50克、凉薯100克、胡萝卜100克。

C：黑椒碎5克、鸡精5克、色拉油1升、鸡蛋2个。

越南酸甜鱼露蘸汁配料：白砂糖10克、白醋5克、鱼露5克、大蒜3克、朝天椒1克、广东芫茜5克、小青柠1个。

原料准备如图9-1-1所示。

(a) 越南春卷皮　(b) 半肥猪肉末　(c) 虾仁　(d) 粉丝　(e) 黑木耳
(f) 香菇　(g) 凉薯　(h) 胡萝卜　(i) 黑胡椒碎　(j) 鸡精
(k) 色拉油　(l) 鸡蛋　(m) 白砂糖　(n) 白醋　(o) 鱼露
(p) 大蒜　(q) 朝天椒　(r) 广东芫茜　(s) 小青柠

图9-1-1　原料准备

二、制作过程

1. 工具准备

平底锅、砧板、西式主刀、大玻璃碗、圆碟、手动打蛋器、汤勺、不锈钢夹、白毛巾。

2. 工艺流程

原料切配和初步处理→包春卷→煎炸春卷→装盘。

3. 制作步骤

1）凉薯、木耳、香菇、胡萝卜切小粒，泡发好的粉丝切小段，虾仁切丁，如图9–1–2所示。

2）将切配好的原料倒入大碗中，加入精盐、黑胡椒碎、鸡精拌匀备用，如图9–1–3所示。

3）小青柠对半切开，挤出柠檬汁，广东芫茜、大蒜、朝天椒切碎放入碗中，加入白砂糖、鱼露、白醋和少许清水，拌匀备用，如图9–1–4所示。鸡蛋去蛋清，拌匀备用。

4）①将干净的白毛巾铺在砧板上，倒水使毛巾浸润。将春卷皮平铺在毛巾上，使其沾湿变软，如图9–1–5所示。②将馅料包入春卷皮内，用蛋清封口，如图9–1–6所示。

5）平底锅中加油，加热到150℃，放入春卷炸制，全程保持中火，如图9–1–7所示。

6）将春卷炸至色泽微黄，如图9–1–8所示。按要求摆盘，搭配酸甜柠檬汁，点缀，越南春卷配酸甜柠檬汁成品如图9–1–9所示。

图9–1–2　食材切小粒备用

图9–1–3　将切好的原料拌匀备用

图9–1–4　调制料汁

图9–1–5　将春卷皮沾湿变软

图9–1–6　包春卷

图9–1–7　炸制春卷

图9-1-8　春卷炸至色泽微黄

图9-1-9　越南春卷配酸甜柠檬汁

4. 成品标准

（1）春卷表皮金黄酥脆。

（2）口感鲜香，具有东南亚风味。

拓展任务

自己查找资料，制作印度尼西亚咖喱牛肉角，其主料、烹饪方法、口味特点见表9-1-2所列。

表9-1-2　印度尼西亚咖喱牛肉角的主料、烹饪方法、口味特点

主料：春卷皮、牛肉、香菜、咖喱
烹饪方法：煎、炸
口味特点：表皮金黄酥脆，口感鲜香，具有东南亚风味

任务评价

任务完成后，根据制作的情况，学生进行自评、互评，教师给以评分，并填入表9-1-3。

表9-1-3　制作越角春卷配酸甜柠檬汁任务评价表

班级：　　　　　　　　姓名：

评价内容	评价要求	评分分值	学生自评	学生互评	教师评分
制作准备（20分）	职业着装规范（衣服、围裙、帽子干净整洁）	5			
	原料、工具准备齐全	5			
	操作前个人卫生符合企业标准（课前洗手）	10			
制作过程（40分）	各种配料制成小丁	10			
	原料、配料拌匀调味	10			
	将馅料包入越南卷包好	10			
	越南春卷炸至金黄，入盘装饰	10			

（续表）

评价内容	评价要求	评分分值	学生自评	学生互评	教师评分
卫生（20分）	操作工具干净整洁，无异物	10			
	操作工位干净整洁，无异物	5			
	成品器皿干净整洁，无异物	5			
成品质量（20分）	春卷口感香脆，馅料鲜香清新，具有越南风味	10			
	春卷色泽金黄，料汁鲜辣	10			
评分		100			

巩固提升

一、选择题

1. 保留虾壳、去虾肠的加工方法适宜（　）的初加工。

A. 铁扒大虾　　B. 煎虾排　　C. 炸虾球　　D. 烩海鲜厨房的

2.（　）宜配置两套，一套在切配间，一套在冷菜间，要防止生熟食品的交叉污染。

A. 加热设备　　B. 冷藏设备　　C. 机械设备　　D. 工具设备

二、简答题

东南亚菜、日本菜、韩国菜属于西餐吗?

三、计算题

某产品成本20元，毛利额12元，此产品的销售价格是多少元?

任务二 制作泰式菠萝海鲜炒饭

情境导入

小李见大厨们能用各式各样的配料（如蒜头、辣椒、酸柑、鱼露、虾酱之类的调味品）来调味，煮出一锅锅酸溜溜、火辣辣的东南亚佳肴。为了满足小李的学习技能欲望，今天西餐主厨将指导小李完成泰式菠萝海鲜炒饭的制作任务。为了完成这项任务，尽快提升自己职业技能，小李虚心向师傅请教，为完成任务做好了准备。

微课20 泰式菠萝海鲜炒饭

任务目标与要求

制作泰式菠萝海鲜炒饭的目标与要求见表9-2-1所列。

表9-2-1 制作泰式菠萝海鲜炒饭的目标与要求

工作任务	在师傅的指导下独立制作一份符合企业标准的泰式菠萝海鲜炒饭
任务目标	1. 熟知泰式菠萝海鲜炒饭的原料 2. 掌握泰式菠萝海鲜炒饭的工艺流程
任务要求	1. 熟悉泰式菠萝海鲜炒饭原料的特性 2. 掌握泰式菠萝海鲜炒饭的制作步骤 3. 明确产品企业标准 4. 个人独立完成任务 5. 操作过程符合职业素养要求和设备设施及用具的安全操作规范 6. 产品达到企业标准，符合食品卫生要求

知识准备

东南亚名菜有美味蛋包饭、咖喱红薯小鸡块、辣味金枪鱼、泰式菠萝饭、印度咖喱海鲜焗饭等。

东南亚菜在很多人的心里就是泰国菜的简称，其实不然，东南亚菜分为泰国菜、越南菜、印度尼西亚菜、新加坡菜、马来西亚菜等，口味通常偏酸辣，会大量且广泛地运用各种新鲜香料，如金不换、薄荷、紫苏、青柠、香茅等。很多人可能会觉得这些香草味道奇怪，但正是由这些香草调和而成的“奇怪”味道，构成了东南亚菜的“灵魂”。

酸、辣是东南亚菜肴的特色，无论是菜肴或是汤品，大多是酸辣口感，直接刺激味蕾，让人胃口大开。

东南亚菜其实在做法上同宗同源，只是口味略有不同，通常会用到椰浆、咖喱、鱼露、香料等调味料，而且以海鲜、鸡肉、猪肉为主，牛羊肉较少使用。

任务实施

一、原料准备

A：新鲜菠萝半个、鲜虾5个、鲜鱿鱼100克、蛤蜊肉50克、青口贝2个、鸡蛋2个、米饭800克。

B：洋葱30克、青豆30克、玉米30克、胡萝卜30克、九层塔10克、炸干葱丝20克。

C：莴苣菜100克、小黄瓜1条、圣女果30克、薄荷叶10克。

D：椰奶100克、鱼露20克、鸡精5克、橄榄油10克、精盐2克、白砂糖2克、黄油10克、咖喱粉5克、黄姜粉5克。

E：菠萝壳1个。

原料准备如图9-2-1所示。

(a) 新鲜菠萝　(b) 鲜虾　(c) 新鲜鱿鱼　(d) 蛤蜊肉
(e) 青口贝　(f) 鸡蛋　(g) 米饭　(h) 洋葱
(i) 青豆　(j) 玉米　(k) 胡萝卜　(l) 九层塔
(m) 炸干葱丝　(n) 莴苣菜　(o) 小黄瓜和圣女果　(p) 薄荷叶

图9-2-1 原料准备

二、制作过程

1. 工具准备

酱汁锅、平底锅、锅铲、砧板、西式主刀、大玻璃碗、汤勺、圆碟、漏网。

2. 工艺流程

原料切配和初步处理→烹制海鲜米饭→装盘。

3. 制作步骤

1）胡萝卜、菠萝、虾仁、鱿鱼切丁，九层塔、薄荷切碎，如图9-2-2所示。

2）小黄瓜和圣女果斜切片，莴苣菜撕开，如图9-2-3所示。

3）米饭中加入咖喱粉、黄姜粉、蛋黄，拌匀备用，如图9-2-4所示。

4）胡萝卜丁、玉米、青豆焯烫变色后捞出备用，如图9-2-5所示。

5）虾仁、鱿鱼、青口贝、蛤蜊肉下入沸水中焯烫，捞出备用，如图9-2-6所示。

6）平底锅烧热加入橄榄油，下入蛋液翻炒。待鸡蛋凝固后下入米饭，搅拌均匀，如图9-2-7所示。

7）①下入焯烫好的原料，翻炒，如图9-2-8所示。②加入鱼露和黄油，淋入椰浆（图9-2-9），拌匀。③加入炸干葱丝、九层塔和薄荷叶，拌匀，如图9-2-10所示。④加入菠萝丁，翻炒均匀，保温备用，如图9–2–11所示。

8）另取一口平底锅，加入少许橄榄油烧热，下入海鲜煎制，加入黄油将海鲜煎制成熟，盛出备用，如图9–2–12所示。

9）将炒饭盛入挖空的菠萝壳内，如图9–2–13所示。

10）点缀黄瓜片、圣女果、莴苣菜和海鲜，如图9–2–14所示。泰式菠萝海鲜炒饭成品如图9–2–15所示。

图9–2–2　食材切丁

图9–2–3　圣女果斜切切片

图9–2–4　米饭加调料拌匀

图9–2–5　胡萝卜丁、玉米、青豆焯烫后捞出

图9–2–6　海鲜焯烫后捞出

图9–2–7　加入米饭翻炒

图9–2–8　下入其他原料翻炒

图9–2–9　淋入椰浆

图9-2-10　加入炸干葱丝、九层塔和薄荷叶

图9-2-11　加入菠萝丁

图9-2-12　煎制海鲜

图9-2-13　将炒饭盛入菠萝壳

图9-2-14　摆盘点缀

图9-2-15　泰式菠萝海鲜炒饭

4. 成品标准

1）菠萝海鲜炒饭色泽金黄。

2）口感鲜香浓郁，富有东南亚风味。

拓展任务

自己查找资料，制作泰式咖喱鸡，其主料、烹饪方法和口味特点见表9-2-2所列。

表9-2-2　制作泰式咖喱鸡，其主料、烹饪方法和口味特点

主料：鸡肉、咖喱粉、土豆、香茅、咖喱油、椰浆
烹饪方法：煮
口味特点：口感鲜香咖喱浓郁，具有东南亚风味

任务评价

任务完成后，根据制作的情况，学生进行自评、互评，教师给以评分，并填入表9-2-3。

表9-2-3　制作泰式菠萝海鲜炒饭任务评价表

班级：　　　　　　　姓名：

评价内容	评价要求	评分分值	学生自评	学生互评	教师评分
制作准备（20分）	职业着装规范（衣服、围裙、帽子干净整洁）	5			
	原料、工具准备齐全	5			
	操作前个人卫生符合企业标准（课前洗手）	10			
制作过程（40分）	米饭蒸熟	10			
	菠萝粒、红萝卜、洋葱切制成0.2厘米×0.2厘米×0.2厘米的粒、鱿鱼切粒、虾去壳切粒	10			
	平底锅入饭、海鲜、调味	10			
	菠萝挖空，将海鲜饭盛入菠萝壳中，装饰美观	10			
卫生（20分）	操作工具干净整洁，无异物	10			
	操作工位干净整洁，无异物	5			
	成品器皿干净整洁，无异物	5			
成品质量（20分）	菠萝海鲜炒饭色泽金黄	10			
	具有东南亚风味	10			
评分		100			

巩固提升

一、选择题

1. 在大虾的虾背处划开一道切口，目的是为了去除（　）。

A. 虾肠　　B. 虾壳　　C. 虾头　　D. 虾尾

2. 墨鱼中不能食用的部位是（　）。

A. 墨鱼爪　　B. 墨鱼头　　C. 墨袋　　D. 墨鱼肉

二、简答题

东南亚菜肴是属于西餐吗?

三、计算题

干木耳200克，经加工得到600克水发木耳，此木耳的涨发率是多少？

附　　件

◆ 模块一

任务1

答案：1. B　2. C

任务2

答案：1. B　2. B

任务3

答案：1. C　2. A

任务4

答案：1. C　2. B

◆ 模块二

任务1

答案：1. A　2. B

任务2

答案：1. D　2. B

◆ 模块三

任务1

答案：1. B　2. C

任务2

答案：1. C　2. B

◆ 模块四

任务1

答案：1. C　2. B

任务2

答案：1. B　2. B

◆ 模块五

任务1

答案：1. A　2. B

任务2

答案：1. D　2. B

◆ 模块六

任务1

答案：1. B　2. C

任务2

答案：1. D　2. B

◆ 模块七

任务1

答案：1. A　2. B

任务2

答案：1. C　2. C

◆ 模块八

任务1

答案：1. A　2. A

任务2

答案：1. C　2. D

◆ 模块九

任务1

答案：1. A　2. B

任务2

答案：1. A　2. C